U0131656

有鸟高飞

——翠湖国家城市湿地公园

·鸟类图谱

夏 舫 彭 涛○主编

中国林业出版社
China Forestry Publishing House

鸟类

19 目

62 科

278 种

燕山山脉

密云水库

官厅水库

怀柔水库

十三陵水库

翠湖国家城市湿地公园

N

东北门

西北门

翠湖北路

北门

淥水亭北路

东门

西门

稻香湖路

南门

上庄水库

前　言

翠湖国家城市湿地公园位于北京市海淀区西北部，总面积157.16公顷，建设于2003年，为典型的人工修复湿地。2005年5月，被建设部批准为国家城市湿地公园；2016年7月，被北京市批准列入第一批市级湿地名录。公园以人工修复湿地为特点，始终坚持“生态优先、公益为主，重在保护、最小干预”的管理原则，多年来一直致力于湿地生态环境的保护与修复，努力再现北京湿地原生态。

本书收录鸟类共19目62科278种，数据全部来自翠湖国家城市湿地公园多年来鸟类观测的真实记录。本书的编写也是对翠湖国家城市湿地公园20年来湿地保护修复、生物多样性保护成果的阶段性总结，对推动翠湖国家城市湿地公园的建设发展有着重要的意义，也为前来参观游览的游客，开展教学、科研、科普活动的科研团队提供了宝贵的资料。谨以此书向翠湖国家城市湿地公园建成20周年献礼。

本书的编写出版得到北京师范大学赵欣如老师、中国观鸟会关雪燕老师以及云天等鸟类爱好者的大力支持，这里一并感谢。限于编者水平，本书的错误与疏漏在所难免，欢迎各位专家、同行不吝指正。以臻完善。

编者

2024年3月

名词释义

鸟类居留类型

候鸟

候鸟指一年中随着季节的变化，定期沿相对稳定的迁徙路线，在繁殖地和越冬地之间作远距离集群迁徙的鸟类。候鸟的迁徙通常为一年两次，一次在春季，另一次在秋季。春季的迁徙，大多是从南向北，由越冬地飞向繁殖地。秋季的迁徙，大多是从北向南，由繁殖地飞向越冬地。绝大多数雀形目鸟类都在夜间迁徙，以躲避天敌的袭击，而日行性猛禽和鹤类等大型鸟类则大多在白天迁徙。根据候鸟出现的时间，可以将候鸟分为：夏候鸟和冬候鸟。

夏候鸟

夏季在某一地区繁殖，秋季飞往南方较温暖地区过冬，翌春又返回这一地区繁殖的鸟类，就该地区而言，称为夏候鸟。如家燕、四声杜鹃等是北京地区的夏候鸟。

冬候鸟

冬季在某一地区越冬，翌年春季飞往繁殖地，秋季又飞临此地区的鸟类，称为该地区的冬候鸟。如大鸨、灰鹤、太平鸟等是北京地区的冬候鸟。

旅鸟

候鸟迁徙时，途中经过某一地区，不在此地区繁殖或越冬，这些种类的鸟就称为该地区的旅鸟。如凤头蜂鹰、棕腹啄木鸟和红喉姬鹟等是北京地区的旅鸟。

留鸟

留鸟指终年栖息于同一地区，不进行远距离迁徙的鸟类。留鸟的觅食、繁殖、过冬等行为都在同一地区完成。如山噪鹛、喜鹊、麻雀等，都是北京地区的留鸟。

迷鸟

迷鸟指那些由于天气恶劣或者其他自然原因，偏离自身迁徙路线，出现在本不应该出现的区域的鸟类，例如曾经在中国湖南省东洞庭湖自然保护区发现的大红鹳就是迷鸟。

陆禽

陆禽指后肢强壮，适于在地面行走，翅短圆，喙多为弓形，适于啄食。包括雉类、鹑类等。

游禽

游禽指趾间或具蹼，尾脂腺发达，擅游泳或潜水的鸟类。如雁鸭类、鸊鷉类等。

涉禽

涉禽指适于在滩涂、湿地涉水生活的鸟类，具有“三长”——喙长、颈长和后肢（腿脚）长的特征。适于湿地行走，但不擅长游泳。包括鹤类、鹳类、鸻鹬类等。

攀禽

攀禽指适应攀缘生活的鸟类，其趾型发生各种变化，如对趾足、异趾足，并趾足、前趾足等。适于抓住树枝，包括啄木鸟、翠鸟、普通雨燕等。

六大生态类群

根据鸟类的生活环境和习性、形态特征等，北京的鸟类分为六大生态类群：陆禽、游禽、涉禽、攀禽、猛禽和鸣禽。

猛禽

猛禽指凶猛的肉食性鸟类，其喙和爪锐利带钩，视觉敏锐，多具捕杀动物为食的习性，具有适应捕猎生活的特征。如金雕、雀鹰、游隼、红隼、长耳鸮、红角鸮等。

鸣禽

鸣禽指鸟类中最大的一类群，种类繁多，分布广泛。鸣叫器官发达，善于鸣啁。巧于营巢。如黑枕黄鹂、云雀、红喉歌鸲、大山雀、麻雀等。

鸟类的身体部位

身体形态图

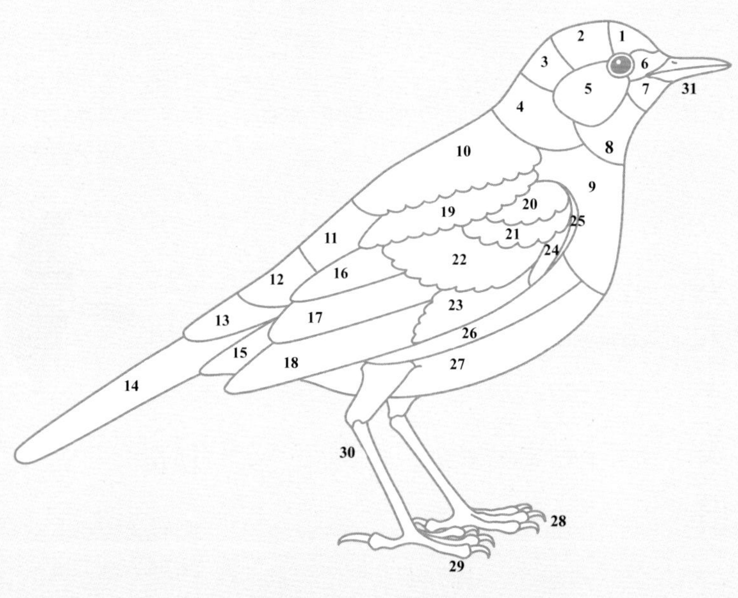

1 额
2 头顶
3 枕
4 颈
5 耳羽
6 眼先
7 颏
8 喉
9 胸
10 上背
11 背
12 腰
13 尾上覆羽
14 尾羽
15 尾下覆羽
16 三级飞羽
17 次级飞羽
18 初级飞羽
19 肩羽
20 小覆羽
21 中覆羽
22 大覆羽
23 初级覆羽
24 小翼羽
25 边缘覆羽
26 胁
27 腹
28 爪
29 脚趾
30 跗跖
31 喙（嘴）

翅膀形态图

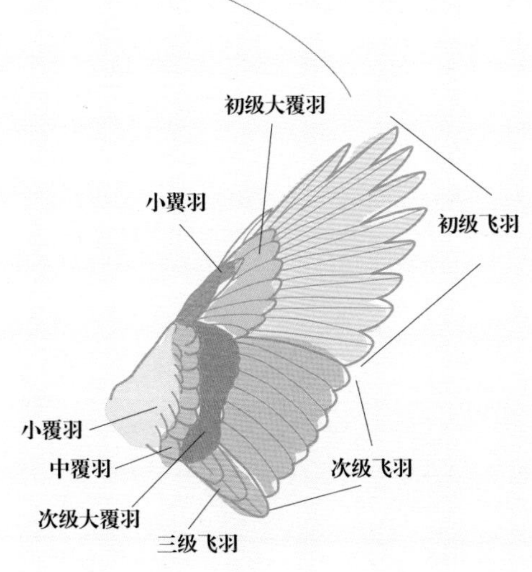

翼上

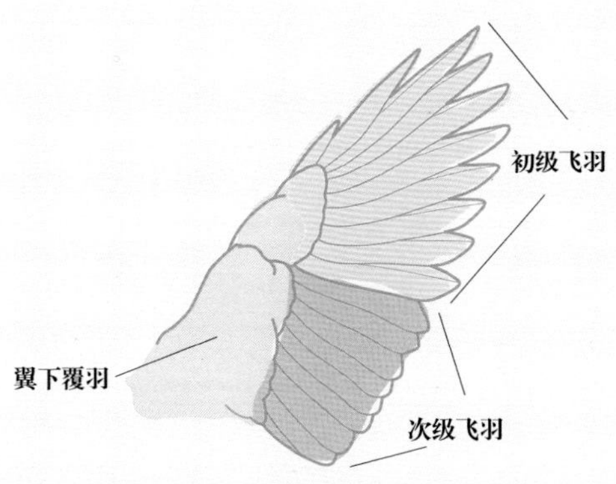

翼下

阅读说明

本书的使用的鸟类分类系统以《中国鸟类分类与分布名录第四版》（郑光美，2023）为依据。鸟类的保护级别，国家级按照国家林业和草原局、农业农村部公告（2021 年第 3 号）标注；北京市级按照北京市园林绿化局与北京市农业农村局联合发布《北京市重点保护野生动物名录》标注；濒危等级按照国际自然保护联盟濒危物种红色名录（IUCN）标注。

页边检索

所属目

所属科

中文名

学名

英文名

物种照片

翠湖湿地观鸟信息

页码

雁形目 ANSERIFORMES

鸭科 Anatidae

白眉鸭 *Spatula querquedula* Garganey

24 白眉鸭

市 | LC | *Spatula querquedula* | Garganey

形态特征：体长 37~41cm，小型游禽。雄鸟繁殖羽前额至头顶巧克力色，具宽阔的白色眉纹并延长至颈部，头侧至颈部棕褐色，具白色短纵纹；背棕色，肩羽长，为黑白色，翼镜亮绿色并具白边，翼上覆羽蓝灰色；下体褐色和白色分界明显，两胁灰白色，具黑色波状细纹；尾下覆羽棕白色具黑斑。雌鸟体羽褐色，眉纹白色。雄鸟非繁殖羽似雌鸟。

生活习性：繁殖期筑巢于草原、湿润草甸和芦苇沼泽筑巢，觅食于开阔的淡水湖泊、池塘、河口、水库、芦苇沼泽和湿润草滩，也至稻田觅食。北京见于植被丰富的湿地，为不常见的旅鸟。迁徙时常集群活动，浮水觅食。于湿地草丛、灌丛下的地面筑巢。

翠湖湿地 春季迁徙可见。观测于 4 月。栖息于开阔水域、芦苇荡中。

25 花脸鸭

国 II | LC | *Sibirionetta formosa* | Baikal Teal

形态特征：体长 36~43cm，小型游禽。雄鸟繁殖羽喙黑色，顶冠深褐色，脸部亮绿色具明显的月牙形黄色斑和白色细纹，形成了艳丽色花纹。上体大部分为褐色，肩羽细长，中心黑而上缘白，翼镜铜绿色，大覆羽有褐色带；胸部粉棕色具褐色点斑，两肋有鳞状纹，臀部黑色。雌鸟似白眉鸭，但无白色眉纹。体型稍大，喙基有白色圆斑。雄鸟非繁殖羽似雌鸟。

花脸鸭 *Sibirionetta formosa* Baikal Teal

生活习性：冬季常集大群活动，多达上千只甚至数万只，也常混于其他雁鸭群中活动，冬季通常从傍晚开始活跃觅食。北京多见于附近有农田的湿地，为不常见旅鸟。非繁殖期会在淡水或半咸水的湖泊、河流、沼泽、水库等开阔的水域活动，也会去稻田觅食。多于草丛中筑巢。

翠湖湿地 春季、秋季迁徙可见，有部分冬候。观测于 1~4 月、11~12 月。栖息于开阔水域、芦苇荡中。

032

图中编号 中文名 鸟与本书比例对比

6	短嘴豆雁
市 LC	*Anser serrirostris* | Tundra Bean Goose

濒危等级 学名 英文名

保护级别
市
国I
国II
空白为无保护等级

比例参照

濒危等级

EX 灭绝
EW 野外灭绝
CR 极危
EN 濒危
VU 易危
NT 近危
LC 无危
DD 数据缺乏
NE 未评估

目　录

序号 1～3

鸡形目
GALLIFORMES

主要在地面取食的陆禽，喙尖而有力，翼短而圆，尾部普遍较长，脚强健，善于奔跑和刨食。有些种类雌雄异色，雄鸟通常羽色艳丽更醒目，体羽颜色丰富，而雌鸟则色暗善伪装。多营巢于地面。许多种类具有亮翅、舞蹈等求偶行为。大部分种类的雄鸟跗跖上具有用于打斗的距。大多数种类不擅长距离飞行，受惊时才起飞，通常只作短距离飞行，善于奔跑。杂食性，主要取食植物种子和果实，也捕食昆虫和小型无脊椎动物。留鸟，极少数具迁徙习性。

翠湖国家城市湿地公园观测到 1 科 3 种。

1		石鸡
市	LC	*Alectoris chukar* | Chukar Partridge

形态特征：体长30~37cm，中型陆禽。雌雄相似。头顶至枕部灰褐色，喙红色，眼圈肉色，具黑色贯眼纹，经头侧、颈侧向下延伸至前颈汇合，颊、颏、喉部黄色；上体粉灰色；胸部灰色，腹部棕色，两胁黑色纵纹旁具短而不连续的栗红色纵纹；尾下覆羽棕色；跗跖和趾皆为淡红色。

生活习性：栖息于海拔2000~3000m的高山和亚高山草甸及裸岩地带，冬季可下到海拔2000m的山脚地带。北京常见于低山丘陵地带的岩石、砂石坡地，偶见于山脚的农田区域，为留鸟。喜集群活动，很机警，受惊吓时多数通过快速奔跑保持距离观望，奔跑迅速，较少飞行。飞行时贴近地面，振翼快速。隐蔽性好，在多石山坡上活动，不容易被发现。营巢于有植被或较大岩石遮挡的地面。

翠湖湿地 偶见。观测于10月。见于草丛。

2 鹌鹑

NT *Coturnix japonica* | Japanese Quail

形态特征：体长 15~20cm，小型陆禽。雄鸟繁殖羽头顶至后颈褐色，具白色顶冠纹和白色眉纹，喉和颊栗褐色，喙黑色；上体赤褐色，具黑色横斑和淡黄色细纵纹；胸、腹部大致为白色；跗跖黄色。雌鸟繁殖羽似雄鸟，头侧为褐色，颏、喉部为皮黄色。雌、雄鸟非繁殖羽皆似雌鸟，但上体赤褐色较淡而偏黄色，喉白色。

生活习性：栖息于开阔农田和草原。北京多见于较低海拔有低矮植被的农田和草地等处，为区域性常见旅鸟和冬候鸟。常成对或集 5 只以内的小群活动，多在地面活动，奔跑迅速，常躲在草丛中活动，振翅快速，飞行一小段后又落回草丛中，受惊时多贴地潜伏，常在人走到极近时突然飞出，繁殖期雄鸟好斗。多在草地上营巢。

翠湖湿地 春季、秋季迁徙途经。观测于 3 月。见于草丛。

3 环颈雉

LC *Phasianus colchicus* | Common Pheasant

形态特征：体长 58~100cm，大型陆禽。雄鸟头顶灰色，耳羽束明显，眼周具宽大的红色肉垂，喙白色，颈黑绿色具金属光泽，颈部有白环；上背棕色具白色斑点，两翼内侧、翼上覆羽棕色，外侧覆羽蓝灰色，飞羽褐色，具白色斑点；下体大致栗色，下背蓝灰色，腰蓝灰色；尾上覆羽棕红色，尾羽甚长，黄褐色，具黑色横斑；跗跖白色。雌鸟全身皆为黄褐色；上体具深色斑；尾羽短于雄鸟。

生活习性：栖息于中、低山丘陵及平原，也常在农田周边活动。北京常见于林地、灌丛、农田等

各种生境，为留鸟。秋冬季集群活动，脚强壮，善奔跑，飞行距离较短，常在地面刨食植物和无脊椎动物。营巢于周围有植被或岩石遮蔽的地面凹坑处。

翠湖湿地 全年可见。栖息于林下、草丛。

序号 4～35

雁形目

ANSERIFORMES

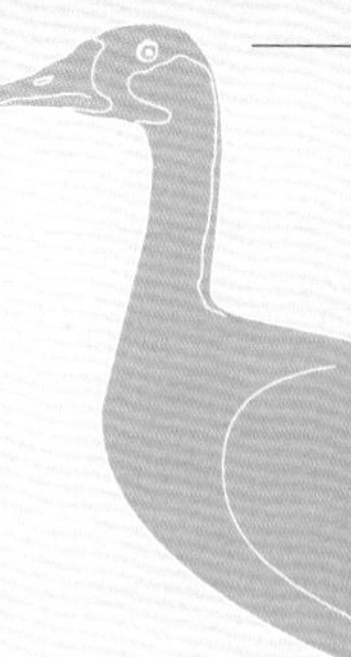

游禽，在世界分布广泛。喙宽而扁，有些具钩，喙端具角质嘴甲。翼窄而尖，善于长距离快速飞行。脚具蹼，善游水。尾短而尾脂腺发达，大多数种类雌雄异色。营巢生境多样，从沼泽至树上，既有地面巢，也有洞巢。非繁殖期常喜集群。杂食性，食物从水生植物、藻类到水生昆虫、软体动物、鱼类等。大多数种类具迁徙习性。

翠湖国家城市湿地公园观测到 1 科 32 种。

4 鸿雁

国II | EN

Anser cygnoides | Swan Goose

形态特征： 体长 80~94cm，大型游禽。雌雄同色。头顶及后颈红褐色，前颈白色，喙黑且长与前额成直线，喙基具狭窄白环；上体灰褐色，飞羽黑色，羽缘色浅，停歇时形成较细的白色横斑；胸部皮黄色，至腹部变淡，至臀部偏白；尾下覆羽白色；跗跖橙色。

生活习性： 栖息于开阔的平原和平原草地上的湖泊、水塘、湖泊、沼泽及其附近地区。北京见于水库、湖泊和较大的河流等开阔水面及其附近的草地、荒地、农田等处，为不常见旅鸟。多集群活动，通常于夜间在农田、草地中觅食，也会在浅水或松软的滩涂上挖掘植物为食。迁徙过境时集成十余只至数百只的大群并与其他雁类及天鹅混群。筑巢于茂密的苇丛中。

翠湖湿地：全年可见，春季、秋季有迁徙种群。栖息于开阔水域、芦苇荡中。

5 豆雁

市 | LC

Anser fabalis | Bean Goose

形态特征： 体长 70~89cm，大型游禽。雌雄同色，全身大致褐色。喙黑色，并具有橙色次端条带，颈色暗；上体具较细的皮黄色横斑；胸、腹部灰色，下腹白色；尾上覆羽白色，尾下覆羽白色；跗跖橙色。

生活习性： 迁徙期间和冬季，则主要栖息于空旷荒野、湿地、农田等处。北京见于水库、湖泊和宽阔的河面，亦见于湿地附近的农田等地，为区域性常见旅鸟及不常见冬候鸟。喜集群活动，多与其他雁类混群，取食习性似鸿雁。迁徙过境时的大群可至数千只。筑巢于沼泽或湿地附近的地面。

翠湖湿地：春季、秋季迁徙可见，偶有越冬个体。观测于3~4月、11月。栖息于开阔水域、芦苇荡中。

6 短嘴豆雁

NE *Anser serrirostris* | Tundra Bean Goose

形态特征：体长66~89cm，大型游禽。雌雄相似。喙黑色，近端处有一小段橙色区域。上体褐色、具浅色斑纹；胸、腹部灰色或灰褐色；尾上覆羽白色，尾下覆羽白色；跗跖橙色。

生活习性：繁殖于苔原地带，越冬栖息于农田、浅水湖泊、沼泽等处。北京见于有开阔水面的湿地区域及附近的农田。为区域性常见旅鸟及罕见冬候鸟。集群活动，常集成大群，甚至可达数万只，也会与灰雁、白额雁等混群，生性谨慎，更容易被惊飞。筑巢于沼泽或湿地附近的地面。

翠湖湿地 春季、秋季迁徙可见。观测于2~5月、11~12月。栖息于开阔水域、芦苇荡中。

7 灰雁

市 LC *Anser anser* | Greylag Goose

形态特征：体长76~89cm，大型游禽。雌雄相似。头、颈羽色略深，颈部羽毛通常形成显著的纵向“沟槽”，喙粉色，喙基无白色；上体羽色灰而羽缘白，具扇贝状纹，飞行中翼上浅色的覆羽与暗色的飞羽对比明显；胸、腹部灰白色，两胁深色，具白色横斑；尾部上、下覆羽均白色；跗跖粉色。

生活习性：选择大面积沼泽或芦苇茂盛的湖泊繁殖，越冬栖息于宽阔河流和湖泊、沼泽。北京多见于各水库、湖泊等地，为不常见旅鸟。喜集群活动，多白天觅食，站在浅水中或于水中倒立取食。营巢于苇丛中。

翠湖湿地 全年可见，春季、秋季有迁徙种群。栖息于开阔水域、芦苇荡中。

8	白额雁
国 II　LC	*Anser albifrons* | White-fronted Goose

形态特征：体长 70~86cm，大型游禽。雌雄相似。喙橙黄色或粉色，近端处有一小段橙色区域。上体褐色、具浅色斑纹；胸、腹部灰色或灰褐色；尾上覆羽白色，尾下覆羽白色；跗跖橙色。

生活习性：繁殖于苔原地带，越冬栖息于农田、浅水湖泊、沼泽等处。北京见于有开阔水面的湿地区域及附近的农田。为区域性常见旅鸟及罕见冬候鸟。集群活动，常集成大群，甚至可达数万只，也会与灰雁、白额雁等混群，生性谨慎，更容易被惊飞。筑巢于沼泽或湿地附近的地面。

翠湖湿地：春季迁徙偶见，偶有夏候个体。观测于 4~5 月。栖息于开阔水域、芦苇荡中。

9 小白额雁

国II VU

Anser erythropus | Lesser White-fronted Goose

形态特征: 体长56~66cm，中型游禽。雌雄相似。头、颈深褐色，喙较短，粉色，喙基白斑延至上额，具有显眼的金黄色眼圈；上体褐色，具淡褐色横纹；胸、腹部褐色，腹部具黑色斑块；尾上覆羽白色，尾羽黑褐色，端斑白色，尾下覆羽白色；跗跖橙黄色。

生活习性: 觅食于农田、滩涂、草原等处，夜栖于大型湖泊、宽阔河道中。北京见于开阔水面，为罕见旅鸟。常集群活动，通常不与白额雁混群，动作节奏快。越冬于长江中下游和华南地区，普遍罕见，少数越冬地较为集中。北京记录较少，多为单只或小群。于灌丛和草地较丰富的湿地营巢。

翠湖湿地 罕见记录。观测于5月。栖息开阔水域、芦苇荡中。

10 斑头雁

LC

Anser indicus | Bar-headed Goose

形态特征：体长 62~85cm，大型游禽。雌雄相似。头白色，枕后具两道显著的黑色条纹，头部黑色在幼鸟时期为浅灰色，喉部白色延至颈侧，前颈、后颈黑色，喙黄色，端黑。上体浅灰色；下体浅灰色，两胁深色；尾下覆羽白色；跗跖橙色。

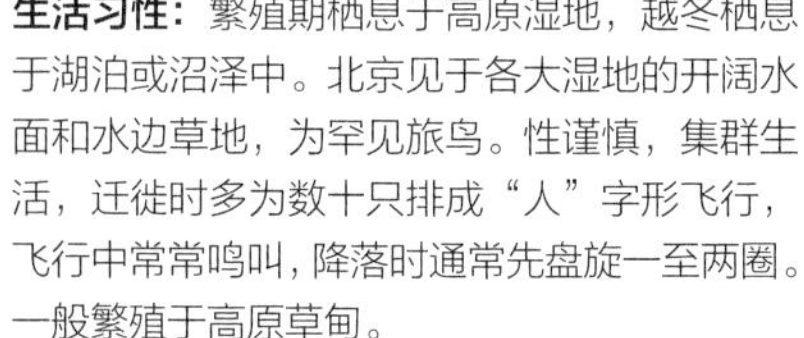

生活习性：繁殖期栖息于高原湿地，越冬栖息于湖泊或沼泽中。北京见于各大湿地的开阔水面和水边草地，为罕见旅鸟。性谨慎，集群生活，迁徙时多为数十只排成“人”字形飞行，飞行中常常鸣叫，降落时通常先盘旋一至两圈。一般繁殖于高原草甸。

翠湖湿地 出现时间散布全年，偶见个体。观测于 3~7 月、10~12 月。栖息于开阔水域、芦苇荡中。

11 小天鹅

国 II LC

Cygnus columbianus | Tundra Swan

形态特征：体长 115~150cm，大型游禽。雌雄相似，通体白色。成鸟喙黑色，喙基两侧具黄斑，黄斑不过鼻孔，多呈梯形状，黄色区域前段不尖且上喙中脊线黑色。跗跖和爪黑色。

生活习性：栖息于水生植物丰富的宽阔浅水湖泊，也会在草滩或农田中觅食。北京见于水库、湖泊等开阔水域，为区域性常见旅鸟。家族活动紧密，在此基础上聚集成更大群体，会与其他天鹅、雁类混群。游泳时通常挺直。起飞前需助跑。迁徙和越冬时多集家族群或数十只的小群过境。集群飞行时呈“V”字形。繁殖于草丛或芦丛中。

翠湖湿地 春季、秋季迁徙偶见。栖息于开阔水域、芦苇荡中。

12 大天鹅

国 II | LC

Cygnus cygnus | Whooper Swan

形态特征： 体长 140~160cm，大型游禽。雌雄相似，全身皆白色。头近似三角形，喙黑色，喙基有大片黄色，且延至上喙侧缘成尖；跗跖和爪黑色。与小天鹅相似，但本种体型较大，颈较细长，且喙基的黄色部分面积大，延伸过鼻孔，多呈锐角。

生活习性： 栖息于水生植物丰富的宽阔浅水湖泊，也会在草滩或农田中觅食。北京多活动于有开阔水面的湿地，为区域性常见的旅鸟。游水时颈向上伸直，垂直于水面，极少弯曲成“S”形。常头朝下浸入水中取食，有时头部会沾染成暗黄色。喜集群活动，迁徙时常集家族群或数十只至上百只群体过境。起飞前需在水面助跑。繁殖于苇丛中。

翠湖湿地：春季、秋季迁徙偶见。栖息于开阔水域、芦苇荡中。

13 翘鼻麻鸭

LC *Tadorna tadorna* | Common Shelduck

形态特征：体长 55~65cm，中型游禽。雄鸟鲜红色喙，头部具金属光泽的绿黑色，额基部具隆起的皮质疣突。上、下体白色为主，有一宽阔的栗色环自背部延伸至胸部；跗跖红色。雌鸟似雄鸟，但色较暗淡，皮质疣突很小或全无。幼鸟为斑驳的褐色，喙暗红色，颊部具白斑。

生活习性：栖息于开阔的盐碱草原、淡水湖、咸水湖及沼泽，迁徙和越冬时也栖息在海滩、河口等地于中国，北京主要见于郊区各湿地，为区域性常见旅鸟。喜集小群过境，觅食时会站在浅水区，用喙在水中左右摆动取食，也会在泥中挖刨，海上集群越冬，飞行时振翅较慢。雌雄鸟共同育雏，繁殖于近湿地的洞穴中。

翠湖湿地 春季、秋季迁徙可见单只或几只。观测于3月、5月、10月。栖息于开阔水域、芦苇荡中。

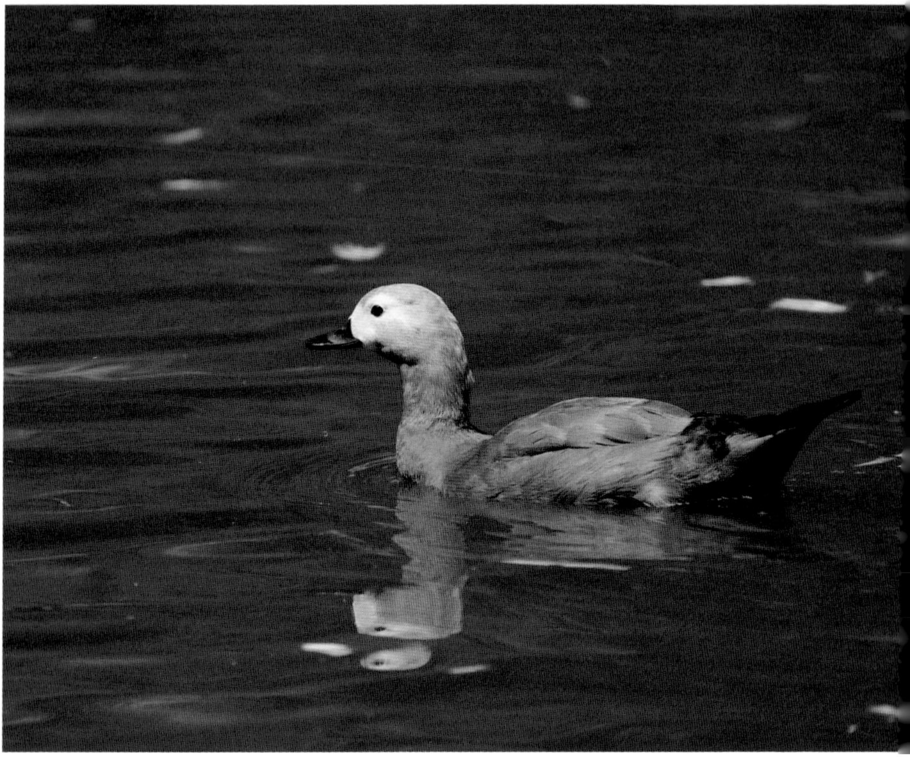

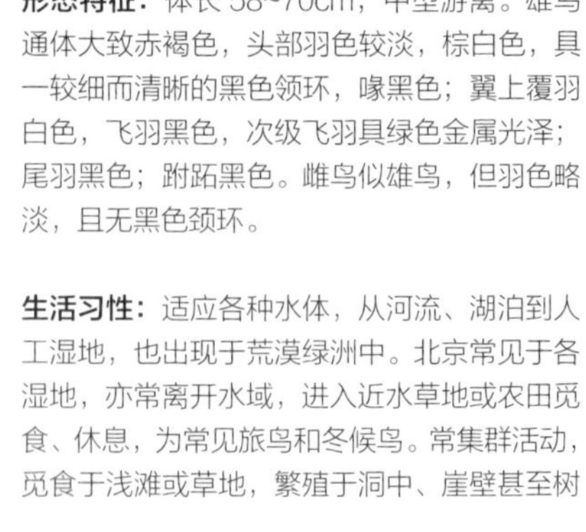

14 赤麻鸭

市 | LC

Tadorna ferruginea | Ruddy Shelduck

形态特征：体长 58~70cm，中型游禽。雄鸟通体大致赤褐色，头部羽色较淡，棕白色，具一较细而清晰的黑色领环，喙黑色；翼上覆羽白色，飞羽黑色，次级飞羽具绿色金属光泽；尾羽黑色；跗跖黑色。雌鸟似雄鸟，但羽色略淡，且无黑色颈环。

生活习性：适应各种水体，从河流、湖泊到人工湿地，也出现于荒漠绿洲中。北京常见于各湿地，亦常离开水域，进入近水草地或农田觅食、休息，为常见旅鸟和冬候鸟。常集群活动，觅食于浅滩或草地，繁殖于洞中、崖壁甚至树上，通常远离水源。巢多置于树洞、崖壁岩洞或地洞中。

翠湖湿地 全年可见，春季、秋季迁徙数量较多的种群。栖息于开阔水域、芦苇荡中。

15 鸳鸯

国II LC *Aix galericulata* | Mandarin Duck

形态特征：体长 41~51cm，小型游禽。雄鸟繁殖羽喙红色，有醒目的白色眉纹，前额绿色，头顶后部橙色；上体大致褐色，拢翼后形成独特的棕黄色炫耀性帆状饰羽；胸部深紫色，下胸具两道白色带，两胁红褐色；下体余部白色，跗跖黄色。雌鸟颜色暗淡，通体亮灰色；喙灰色，具白色眼圈，眼后具白色眼纹；跗跖灰色。雄鸟非繁殖羽似雌鸟但喙仍为红色。

生活习性：冬季栖息于较开阔的水域，也会出现于溪流中；繁殖期多出没于林木密集的河流处，也能在城市公园中繁殖栖息。北京春季、秋季多见于城区、郊区湿地的开阔水面，为区域性常见的旅鸟和夏候鸟及留鸟。冬季集群活动，每年初春会集中于一处求偶，之后分散进行繁殖，常在水中缓慢游动，基本不潜水觅食。筑巢于近水的树洞中。

翠湖湿地：全年可见，春季、秋季有迁徙种群。栖息于开阔水域、芦苇荡中。

16 赤膀鸭

市 | LC | *Mareca strepera* | Gadwall

形态特征： 体长 45~57cm，中型游禽。雄鸟喙黑色、头顶棕色、头侧、颈部灰色；背部及小覆羽灰褐色，中覆羽和外侧大覆羽栗色，内侧大覆羽黑色，初级飞羽褐色，外侧次级飞羽黑色，内侧次级飞羽白色，腰黑色；胸部褐色，具有细密的云状纹，腹部白色，两肋褐色；尾上和尾下覆羽黑色，尾羽褐色；跗跖橙色。雌鸟喙侧橙色，喙峰黑色，全身大致褐色，具黑色鳞状斑。

生活习性： 繁殖期喜多植被的河口沼泽湿地，喜栖息于高而茂密的挺水植物间，非繁殖期也活动于沿海地带。北京常见于水库、湖泊和河流的开阔水面，为常见旅鸟。通常集群活动，常以头下脚上倒栽在水里取食水生植物。在接近湿地的草丛或灌丛中筑巢。

翠湖湿地 春季、秋季迁徙种群，有部分冬候。多观测于 3 月、4~5 月、9~11 月可见。栖息于开阔水域、芦苇荡中。

17 罗纹鸭

市 NT *Mareca falcata* | Falcated Duck

形态特征： 体长46~57cm，中型游禽。雄鸟繁殖羽喙黑色，喙基为白色，顶冠栗色，头两侧绿色并具有光泽的羽毛延至颈部，喉白色；上体大致白色，密布黑色鳞状斑纹，黑白色的三级飞羽长而向下弯曲；下体白色，密布黑色鳞状斑纹；尾下覆羽黑色，两侧具三角形淡黄色斑块。雌鸟体色棕褐色并有黑色"V"形斑纹，头和颈的颜色较浅，喙暗灰色；尾上覆羽两侧具米黄色纹；跗跖暗灰色。

生活习性： 繁殖期喜多水草的河口沼泽湿地、池塘，非繁殖期多集群栖息于大型浅水水域、稻田及洪泛草甸。在北京迁徙季节常见于湿地开阔的水域，为区域性常见旅鸟。非繁殖期常集群活动，停栖在水面，并且常常与其他鸭类混群。喜欢在植被丰富的水边草地、灌丛下营巢。

翠湖湿地 春季、秋季迁徙可见，有小部分冬候。观测于2~5月、11~12月。栖息于开阔水域、芦苇荡中。

18	赤颈鸭
LC	*Mareca penelope* | Eurasian Wigeon

形态特征：体长 42~51cm，小型游禽。雄鸟繁殖羽喙灰色，端部黑色，头顶至前额皮黄色，头侧至颈部栗红色；上体灰白色，具细密的暗褐色鳞状斑，翼上覆羽为大块白色，翼镜墨绿色，飞行时颜色形成强烈对比；胸部棕色，腹部白色，两肋灰色；尾下覆羽黑色。雌鸟上体大部分棕褐色或灰褐色，具深色斑点，尾下覆羽为白色，具褐色斑点。雄鸟非繁殖羽似雌鸟。

生活习性：繁殖期喜疏林包围的淡水沼泽、湖泊，非繁殖期活动于近海的湖泊、沼泽、河口、海湾、鱼塘、水库等地，也至稻田觅食。北京见于开阔水面的湿地，为常见旅鸟。通常集群活动，性羞怯而机警，冬季会根据潮汐情况，在夜晚觅食。在水里采食水草，滤食浮游植物，也会在陆地上采食植物的根、茎、叶和草籽。营巢于湿地附近的草丛或灌丛中。

翠湖湿地 春季迁徙可见单只或几只。观测于 3~4 月。栖息于开阔水域、芦苇荡中。

19 绿头鸭

LC *Anas platyrhynchos* | Mallard

形态特征：体长55~70cm，中型游禽。雄鸟繁殖羽喙黄色，头部黑色，具绿色金属光泽，随光线和角度变化，头部有时具蓝色光泽，有白色颈环；背部褐色；胸部栗色，腹部灰白色；两枚黑色中央尾羽向上卷曲；跗跖橙红色。雌鸟全身黄褐色，具黑色斑纹；喙黄色，喙端和喙中部黑色，具深色贯眼纹；跗跖橙色。

生活习性：活动于湖泊、河流、沼泽、稻田、河口等多种生境，适应性强，对人类干扰的耐受性强。北京见于各种类型的湿地，包括城区公园、校园的水域，为常见的夏候鸟、冬候鸟和旅鸟。通常集小群或成对活动，偶有上百只的大群，也会与其他鸭群混群，杂食性，吃植物的种子、水生植物、谷物等，也常取食水生动物，偶尔潜水觅食。繁殖于有丰富水生植物的湿地。

翠湖湿地 全年可见，春季、秋季有迁徙种群。栖息于开阔水域、芦苇荡中。

20 斑嘴鸭

LC *Anas zonorhyncha* | Chinese Spot-billed Duck

形态特征： 体长 58~63cm，中型游禽。雄鸟喙黑色，近端处黄色，具深黑色贯眼纹，头顶深褐色，头侧乳白色，颈部淡褐色；上体褐色，翼镜金属蓝色，后缘通常具白边和黑色次端斑；胸白色，具深色点斑，腹部深褐色；尾下覆羽深褐色。雌鸟与雄鸟相似，但下体羽色较淡。

生活习性： 活动于湖泊、河流、沼泽、稻田、河口等多种生境。北京见于城区和郊区植被丰富的湿地，为常见夏候鸟、旅鸟和罕见冬候鸟。常集小群活动，冬季时会集数百只的大群，繁殖期雄鸟会守护孵卵的 雌鸟，并协助保护雏鸟。营巢于湿地草丛、灌丛和苇丛中。

翠湖湿地 全年可见，春季、秋季有迁徙种群。栖息于开阔水域、芦苇荡中。

21 针尾鸭

市 LC *Anas acuta* | Northern Pintail

形态特征： 体长 51~76cm，中型游禽。雄鸟繁殖羽喙亮灰色，头棕色，喉白色，颈部具白色细线，后颈暗褐色；背部灰白色，有深色横斑，两翼灰色具绿铜色翼镜；下体白色，两肋有细密的灰色扇贝状纹；尾羽黑色，针状，尾上覆羽灰白色，中央尾羽长。雌鸟浅褐色，喙铅灰色，头、颈棕褐色；上体多“V”形斑，两翼灰色具褐色翼镜；下体皮黄色，胸部具黑点；尾羽较尖；跗跖灰色。

生活习性： 活动于淡水沼泽、湖泊、河流、河口及海岸等浅水区域，也至稻田觅食。北京主要见于郊区湿地开阔水面，为区域性常见旅鸟。通常集群活动，常与其他鸭类混群，觅食时，会将上半身探入水中，其长颈有利于在水中觅食，飞行路线呈直线，振翅频率较低。营巢于近水的草丛中。

翠湖湿地：春季迁徙可见，有部分冬候。观测于2~4月。栖息于开阔水域、芦苇荡中。

22 绿翅鸭

LC *Anas crecca* | Eurasian Teal

形态特征： 体长 34~38cm，小型游禽。雄鸟繁殖羽喙黑色，前额至头顶栗棕色，眼周至颈部具墨绿色宽带，眼下方至颈部栗棕色；肩羽上有一道白色横纹，翼上覆羽具白色横带，飞行时可见绿色翼镜；尾下覆羽形成黄色三角形。雌鸟为斑驳的褐色。雄鸟非繁殖羽似雌鸟。

生活习性： 中国广泛分布，北京见于水库、湖泊和河流的开阔水面，为常见旅鸟。通常集群活动，常与其他鸭类混群。觅食时会浮于水面，身体倒立将头部探入水中，在浅水区域会潜水捕食，可在泥浆中滤食，飞行时振翅迅速，白天在开阔水面休息，黄昏和夜间在浅水处取食。营巢于湿地草丛或灌丛中。

翠湖湿地 春季、秋季迁徙可见，有部分冬候。观测于 1~4 月、9~12 月。栖息于开阔水域、芦苇荡中。

23	琵嘴鸭
市 | LC	*Spatula clypeata* | Northern Shoveler

形态特征：体长 44~52cm，小型游禽。雄鸟繁殖羽头、颈深绿色并具光泽，喙黑色，喙长且宽，末端呈铲状，虹膜黄色；上体暗褐色，翼上小覆羽和中覆羽蓝灰色，大覆羽褐色，端部白色；胸白色，腹部栗色；尾上覆羽暗绿色，尾羽白色。雌鸟为斑驳的褐色，体色似绿头鸭雌鸟，但喙形清晰可辨，喙橙褐色，跗跖橙色。雄鸟非繁殖羽似雌鸟。

生活习性：喜水生植物丰富的湖泊、河口、沿海沼泽、池塘、水田等浅水水域。北京主见于郊区湿地开阔水面，为区域性常见旅鸟。通常集群活动，常与其他鸭类混群，在泥滩及水面觅食时会将头伸直，喙左右摆动，滤食水生动物和水藻等。筑巢于近水草丛中。

翠湖湿地 主要见于春季迁徙，有部分冬候。观测于 2~4 月。栖息于开阔水域、芦苇荡中。

24 白眉鸭

市 LC

Spatula querquedula | Garganey

形态特征：体长 37~41cm，小型游禽。雄鸟繁殖羽前额至头顶巧克力色，具宽阔的白色眉纹并延长至颈部，头侧至颈部棕褐色，具白色短纵纹；背棕色，肩羽长，为黑白色，翼镜亮绿色并具白边，翼上覆羽蓝灰色；下体褐色和白色分界明显，两肋灰白色，具黑色波状细纹；尾下覆羽棕白色具黑斑。雌鸟体羽褐色，眉纹白色。雄鸟非繁殖羽似雌鸟。

生活习性：繁殖期筑巢于草原、湿润草甸和芦苇沼泽筑巢，觅食于开阔的淡水湖泊、池塘、河口、水库、芦苇沼泽和湿润草滩，也至稻田觅食。北京见于植被丰富的湿地，为不常见的旅鸟。迁徙时常集群活动，浮水觅食。于湿地草丛、灌丛下的地面筑巢。

翠湖湿地 春季迁徙可见。观测于 4 月。栖息于开阔水域、芦苇荡中。

25 花脸鸭

国 II LC

Sibirionetta formosa | Baikal Teal

形态特征：体长 36~43cm，小型游禽。雄鸟繁殖羽喙黑色，顶冠深褐色，脸部亮绿色具明显的月牙形黄色斑和白色细纹，形成了艳丽色花纹。上体大部分为褐色，肩羽细长，中心黑而上缘白，翼镜铜绿色，大覆羽有褐色带；胸部粉棕色具褐色点斑，两肋有鳞状纹，臀部黑色。雌鸟似白眉鸭，但无白色眉纹。体型稍大，喙基有白色圆斑。雄鸟非繁殖羽似雌鸟。

生活习性：冬季常集大群活动，多达上千只甚至数万只，也常混于其他雁鸭群中活动，冬季通常从傍晚开始活跃觅食。北京多见于附近有农田的湿地，为不常见旅鸟。非繁殖期会在淡水或半咸水的湖泊、河流、沼泽、水库等开阔的水域活动，也会去稻田觅食。多于草丛中筑巢。

翠湖湿地 春季、秋季迁徙可见，有部分冬候。观测于 1~4 月、11~12 月。栖息于开阔水域、芦苇荡中。

26	**赤嘴潜鸭**
LC	*Netta rufina* │ Red-crested Pochard

形态特征： 体长 53- 57cm，中型游禽。雄鸟繁殖羽喙赤红色，较细。虹膜红色。头部栗棕色，头大且圆。前半身为黑色。背部和覆羽为褐色。两肋白色，尾部黑色，翼下覆羽和飞羽白色，飞行时可见；跗跖粉红色。雌鸟喙灰黑色，次末端偏红。虹膜红褐色，头顶褐色，脸、喉至前颈白色。上、下体余部褐色，两肋无白色；跗跖灰色。雄鸟非繁殖羽似雌鸟，但喙红色。

生活习性： 活动于开阔的淡水湖泊或水流缓慢的河流，尤喜有挺水植物的深水水域。北京见于郊区各大水库、河流、湖泊，为不常见旅鸟。多成对或集群活动，潜水取食为主，主要以水生植物为食，在浅水处也会采取浮鸭的取食方法。于苇丛中筑巢。

翠湖湿地 春季、秋季迁徙偶见。栖息于开阔水域、芦苇荡中。

27		**红头潜鸭**
市	VU	*Aythya ferina* │ Common Pochard

形态特征： 体长 41~50cm，小型游禽。雄鸟繁殖羽喙基和喙端黑色，喙中段灰白色，虹膜红色，头较圆与颈栗红色；背部灰白色，腰黑色；胸部黑色，两肋、腹部灰白色；尾上和尾下覆羽黑色。雌鸟喙深灰色，无浅色横带，眼圈皮黄色，头褐色；背部灰色；胸部褐色；尾部褐色。

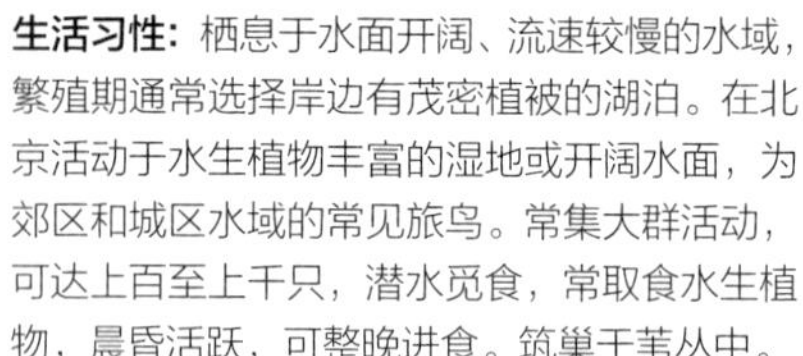

生活习性： 栖息于水面开阔、流速较慢的水域，繁殖期通常选择岸边有茂密植被的湖泊。在北京活动于水生植物丰富的湿地或开阔水面，为郊区和城区水域的常见旅鸟。常集大群活动，可达上百至上千只，潜水觅食，常取食水生植物，晨昏活跃，可整晚进食。筑巢于苇丛中。

翠湖湿地 春季、秋季迁徙可见。观测于 1 月、10 月。栖息于开阔水域、芦苇荡中。

28	青头潜鸭
国 I | CR	*Aythya baeri* | Baer's Pochard

形态特征： 体长 42~47cm，小型游禽。雄鸟繁殖羽喙灰色，端部黑色，虹膜白色，头较圆与颈黑色，光线良好时亮绿色；背部和翼上覆羽褐色，飞羽白色，端部黑褐色；胸栗褐色，腹部及两胁白色与褐色交杂；尾下覆羽白色。雌鸟喙基棕褐色，虹膜褐色，头颈黑褐色。

生活习性： 常栖息于开阔、水流较缓的湖泊、池塘和沼泽中，多选择有大量浮水植物和芦苇的地方。北京多见于较大的水库、湖泊、河流等地，在水生植被丰富的湿地中可能有繁殖，为北京地区有稳定记录的罕见旅鸟。常和白眼潜鸭等其他潜鸭混群。潜水觅食，晨昏较活跃，白天大部分时间在水面游泳或休息。于湿地草丛和苇丛中筑巢。

翠湖湿地：罕见记录。观测于 2~3 月。栖息于开阔水域、芦苇荡中。

29 白眼潜鸭

市 NT

Aythya nyroca | Ferruginous Duck

形态特征：体长 33~43cm，小型游禽。雄鸟繁殖羽虹膜白色，喙灰色，黑色尖端，头、颈深栗色；背部深褐色，飞羽白色，端部深褐色。胸及两胁深栗色，腹部有宽阔棕色横带；尾下覆羽有宽阔棕色横带。雌鸟虹膜褐色，全身大致暗褐色，羽毛不及雄鸟艳丽。

生活习性：喜水流缓慢的池塘、湖泊、水库等水域，与其他潜鸭相比较少出现于咸水水域，更喜欢封闭的水体。北京地区见于水生植物丰富的湿地及各类开阔的水域，为不常见旅鸟。单独、成对或集成几十只至数百只的群活动，擅潜水觅食，飞行时振翅较快。营巢于湿地草丛或苇丛中。

翠湖湿地：春季迁徙偶见。观测于 2~3 月。栖息于开阔水域、芦苇荡中。

30 凤头潜鸭

市 LC *Aythya fuligula* | Tufted Duck

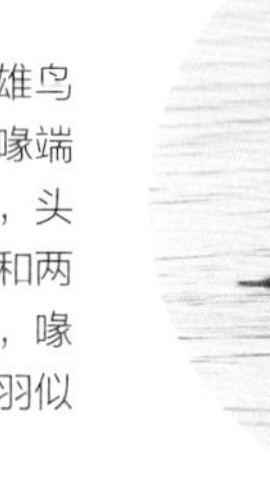

形态特征：体长 34~49cm，小型游禽。雄鸟繁殖羽全身大致黑白相间，虹膜金黄色，喙端黑色，喙灰色，头部有黑色冠羽披于头后，头黑色具紫色或金属光泽；上体黑色；腹部和两肋为白色；尾羽黑色。雌鸟冠羽较雄鸟短，喙基近白色，通体大致深褐色，雄鸟非繁殖羽似雌鸟。两肋褐色。

生活习性：喜好长有水生植物的池塘、湖泊等静止或水流较慢的淡水水体，也会选择河口等地。北京见于城区和郊区的河流、湖泊、池塘、水库等水域，为常见旅鸟。喜集群过境，极擅潜水，飞行迅速，常频繁潜水取食贝类，主食小鱼、蝌蚪、水生无脊椎动物等。营巢于近水的灌丛或草丛中。

翠湖湿地 春季、秋季迁徙可见。观测于 2 月、11 月。栖息于开阔水域、芦苇荡中。

31 斑背潜鸭

LC *Aythya marila* | Greater Scaup

形态特征：体长 42~49cm，小型游禽。雄鸟繁殖羽喙灰色，喙端黑色，虹膜黄色，头较圆与颈为黑色，光线良好时为绿色；背部灰色，具黑色波状斑纹，腰黑色；胸部黑色，腹部及两肋白色；尾上覆羽为黑色，尾下覆羽黑色。雌鸟喙基白色，大且明显，边缘清晰，耳后有浅色月牙状斑；上体深褐色，具不明显的波状细纹；下体大致为褐色。

生活习性：常出现在沿海地区水流较慢、深度较浅的水域，淡水和咸水中，冬季在内陆的大型湖泊中也可见到。在北京见于湖泊、水库等开阔水域，为罕见旅鸟。擅潜水捕食，常与凤头潜鸭等其他潜鸭混群，因此在观测大群凤头潜鸭时可注意搜索本种。

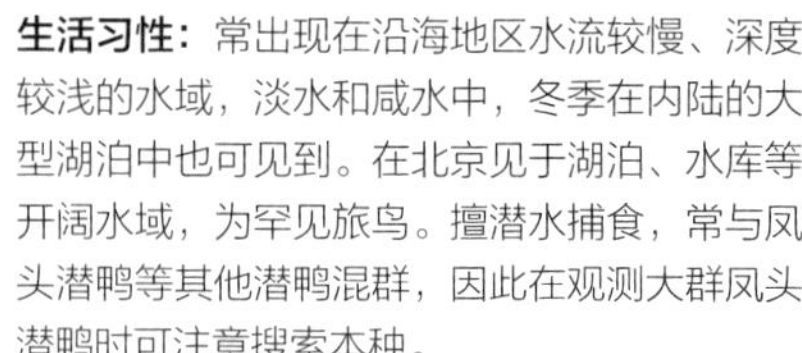

翠湖湿地 罕见记录。栖息于开阔水域、芦苇荡中。

32	**鹊鸭**
市 LC	*Bucephala clangula* | Common Goldeneye

形态特征：体长 40~48cm，小型游禽。雄鸟繁殖羽虹膜黄色，喙黑色，喙基部具大块白色圆斑，头较大较尖，颈较短，头和上颈为黑色，具绿色金属光泽；上体黑色为主，上翼白色，初级飞羽和翼上小覆羽黑色，次级飞羽白色；胸、腹部白色。雌鸟虹膜黄色，喙深褐色，前段具黄色斑点，头褐色，无白斑并不具光泽，通常具有狭窄的白色前颈环。上体、胸及两胁灰色，腹部白色，具近白色的扇贝状纹。雄鸟冬羽似雌鸟，喙基部具浅色点斑可区分。

生活习性：繁殖期在有树林环绕的淡水湖泊中栖息，越冬于湖泊、河湾、河流等地。北京见于城区、郊区各种湿地的开阔水面，为区域性常见旅鸟及冬候鸟。常集小群，较少与其他鸭类混群。擅长潜水捕食，在树洞中筑巢。

翠湖湿地：春季、秋季迁徙可见，有冬候个体。观测于 1~3 月、11~12 月。栖息于开阔水域、芦苇荡中。

33 斑头秋沙鸭

国II | LC

Mergellus albellus | Smew

形态特征： 体长38~44cm，小型游禽。雄鸟繁殖羽、头、颈大部分白色，喙深灰色，头和颈白色为主，眼周及眼先有一黑色圆形斑，枕部黑色；上体及两翼黑色，翼上覆羽具白斑；胸两侧具黑色细纹，两胁淡灰色，下体余部白色。雌鸟眼周近黑色。头顶、头侧、枕部至后颈栗色。上体灰色，具两道白色翼斑；下体白色。雄鸟非繁殖羽似雌鸟。

生活习性： 繁殖期出现于淡水河流、湖泊或林间沼泽中，在开阔水面越冬，较少出现在海上。在北京多见于水库、湖泊、河流、池塘等区域，为区域性常见旅鸟和冬候鸟。擅潜水，从水面起飞迅速，潜水捕食鱼类和水生无脊椎动物。在树洞中筑巢。

翠湖湿地 春季、秋季迁徙可见。观测于2~3月、11~12月。栖息于开阔水域、芦苇荡中。

34 普通秋沙鸭

市 | LC

Mergus merganser | Common Merganser

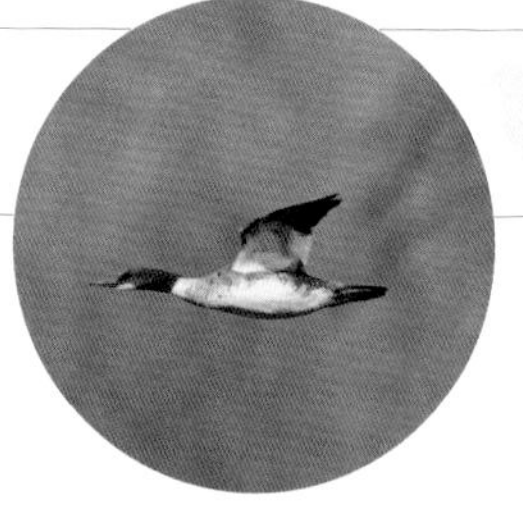

形态特征：体长 54~68cm，中型游禽。雄鸟繁殖羽头顶具短冠羽，头较圆，头及上颈黑色，具绿色金属光泽，下颈白色，喙暗红色且尖而长，端部下弯呈钩状；上体灰褐色，翼上小覆羽黑色，大、中覆羽和次级飞羽白色，初级飞羽黑色；下体白色；跗跖红色。雌鸟头及上颈棕褐色，颏白色，与头侧分界明显；上体灰色；下体白色，两胁灰色。雄鸟非繁殖羽似雌鸟。

生活习性：在开阔的湖泊和河流活动，更喜欢在深水中活动。北京一般活动于城区和郊区的湖泊、河流和水库中，为常见旅鸟和冬候鸟。喜集小群或中等大小群体活动，擅潜水捕鱼，先将头伸入水下寻找食物，再潜水捕捉。水面起飞时需要助跑，飞行速度快。

翠湖湿地 春季、秋季迁徙可见，有部分冬候。观测于 1~3 月、10~12 月。栖息于开阔水域、芦苇荡中。

35 红胸秋沙鸭

市 | LC

Mergus serrator | Red-breasted Merganser

形态特征：体长52~60cm，中型游禽。雄鸟繁殖羽头绿色，具上翘的冠羽，细长的喙微微上扬，呈红色，喙端无钩，虹膜红色；背部黑色，小覆羽和初级飞羽灰褐色，大覆羽、中覆羽和次级飞羽白色，形成翼上的大块白斑，上颈白色，下颈至胸锈红色；下体白色，胸侧黑色，具白色斑点，两胁具鳞状斑；尾羽及尾上覆羽灰褐色；跗跖橙色。雌鸟头部棕褐色，眼先、喉部白色，颏棕白色浅于颈侧，颈部无明显色彩分界；上体灰色；胸淡褐色，下体白色。

生活习性：通常在海面或近海的水体中越冬，多出现在背风处，偶尔记录进入内陆水域。北京多见于面积大且深的水库、湖泊及河流，为不常见旅鸟。喜集小群或成对活动。擅潜水捕鱼。

翠湖湿地 罕见记录。栖息于开阔水域、芦苇荡中。

序号 36 ~ 38

䴙䴘目

PODICIPEDIFORMES

中小型游禽。形态似鸭而喙尖直，雌雄同色，体羽以灰褐色、黑色和栗色为主。颈细直，尾极短。脚具瓣蹼，喜潜水觅食。主要分布于河流、湖泊、沼泽和水塘等淡水水域，成对或集小群活动，主要以鱼类、水生昆虫和甲壳类动物为食。营浮巢，很少在陆地活动。多数种类具迁徙习性。

翠湖国家城市湿地公园观测到 1 科 3 种。

36	小䴙䴘
市 LC	*Tachybaptus ruficollis* | Little Grebe

形态特征：体长 23~29cm，小型游禽。雌雄相似。繁殖羽头顶、后颈黑褐色，虹膜黄色，喙黑色而尖端白色，嘴裂处具明显黄斑，颊、前颈及侧颈栗色；上体黑褐色；下体白色，胸及两胁灰褐色；非繁殖羽全身大致为褐色，颏、喉白色，颊及颈侧淡黄色。

生活习性：活动于淡水湖泊、沼泽、水塘和流速缓慢的河流，也见于沿海水域。北京见于城区、郊区的湖泊、池塘、水库、河流等各类型湿地水域，为常见夏候鸟和留鸟，冬季不封冻的水域亦有少量个体越冬。一般单独或成对活动于淡水区域，冬季也集小群，擅潜水觅食水生动物，起飞需助跑，有将低龄幼鸟背负于背上的习性。于水生植物丰富的湿地营造浮巢繁殖。

翠湖湿地 全年可见，春季、秋季有迁徙种群。栖息于开阔水域、芦苇荡中。

37	凤头䴙䴘
市 LC	*Podiceps cristatus* | Great Crested Grebe

形态特征: 体长45~51cm，中型游禽。雌雄相似。繁殖羽头顶黑色，头顶两侧的羽毛延长，形成两束较显著的黑色羽冠，头后颈至喉部具略长的棕色饰羽，虹膜红色，喙黑色且长而尖锐，颈长，前颈白色；上体灰褐色，肩羽至次级飞羽有显著白斑，仅飞行时可见；下体白色。非繁殖羽头侧棕色部分大多被白色取代。

生活习性: 出没于有开阔水面的湖泊、沼泽、水库、池塘、河流和沿海。北京常见于郊区水库、河流、湖泊等开阔而水流平缓的湿地，主要为夏候鸟和旅鸟。多单独或成对活动于多挺水植物的淡水水域，繁殖季和越冬季也会聚成松散的大群，繁殖期成对作精湛的求偶炫耀，相互对视，挺直身体并同时点头，有时还叼着植物，雌雄鸟共同参与孵卵和育雏，亲鸟常将刚孵化不久的雏鸟放于背上活动，擅潜水捕鱼和捕食其他水生动物。以芦苇和水草营造浮巢。

翠湖湿地 夏候鸟。观测于3~11月。栖息于开阔水域、芦苇荡中。

38	# 角䴙䴘
国 II VU	*Podiceps auritus* | Slavonian Grebe

形态特征：体长 31~39cm，小型游禽。雌雄相似。繁殖羽头顶、后颈黑色，自眼先至头后方具显著的黄色饰羽，前额平缓而不陡直，虹膜红色，喙黑色，喙端白色，喙较短而粗壮，前颈、后颈栗红色；上体黑色，翼下覆羽白色；胸及两胁栗红色，腹部白色。非繁殖羽头顶、后颈黑色，头两侧、前颈白色；上体黑色；下体白色。

生活习性：活动于开阔而有水生植物的湖泊、池塘、河流。北京见于较大的湖泊、水库和河流，为罕见旅鸟。一般成对或单独活动，喜开阔水面，一般活动于距离岸边较远之处。在水生植物丰富之处筑浮巢。

翠湖湿地 罕见记录。观测于 11 月。栖息于开阔水域、芦苇荡中。

序号 39 ~ 41

鸽形目
COLUMBIFORMES

中小型林栖性陆禽。体羽以白色、蓝灰色、褐色或绿色为主。喙短钝，两翼多尖而长善飞行，具楔尾或圆尾，脚短但强健，善于在地面和树干行走。多数栖息于森林，也见于岩壁和地面，喜集群活动。营巢于林间、灌木、岩缝甚至建筑物。主要以植物种子、嫩芽、嫩叶和果实，以及昆虫和小型无脊椎动物为食。

翠湖国家城市湿地公园观测到 1 科 3 种。

39 山斑鸠

LC *Streptopelia orientalis* | Oriental Turtle Dove

形态特征： 体长 28~36cm，中型陆禽。雌雄相似。虹膜黄色，颈侧具明显的黑白色相间的横纹块状斑；上体具深色扇贝状纹，翼上覆羽羽缘为棕红色，腰部为灰色；下腹部为葡萄红色；尾羽黑褐色，具灰白色端斑；跗跖红色。

生活习性： 在平原、低山丘陵、山地、混交林、阔叶林、果园、农田等环境栖息，有时也出现在城市公园。北京常见于远郊和浅山区，城市中少见，为留鸟。常成对或集小群活动。胆子较大，不太怕人。觅食时常一小步一小步慢慢溜达，边走边吃。主要以草籽、野生浆果和各种作物种子为食，也会捕食昆虫。在乔木上筑巢。

翠湖湿地 全年可见，春季、秋季有迁徙种群。栖息于林地、草地。

40 珠颈斑鸠

LC *Spilopelia chinensis* | Spotted Dove

形态特征：体长 27.5~30.0cm，小型陆禽。雌雄相似。整体为粉褐色。颏、喉部呈浅白色，虹膜橙色，喙淡褐色，颈侧黑色并具明显白色珍珠状点斑；后背、两翼灰褐色，飞羽较体羽色深；胸至腹部浅粉紫色；尾较长，外侧尾羽端部白色较宽；跗跖红色。

生活习性：能适应多种生境，包括耕地、公园、种植园、次生林等，也常出现在人类居住区附近。北京常见于城市绿地、公园、小区中，为留鸟。一般单独或成对活动，常以小群在地面觅食，一年可繁殖多次，以谷物、野果和杂草种子为食，亦食昆虫。巢呈盘状，甚为简陋，主要由一些细枝松散地堆叠而成，也会利用居民的花盆、窗台等营巢。

翠湖湿地：全年可见，春季、秋季有迁徙种群。栖息于林地、草地。

41 灰斑鸠

LC *Streptopelia decaocto* | Eurasian Collared Dove

形态特征: 体长25~34cm，小型陆禽。雌雄相似。喙黑色，虹膜暗红色，后颈有一道黑白色半领环；上体羽从背肩到尾上覆羽均呈灰褐色，飞羽黑褐色；尾下覆羽偏蓝灰色；跗跖呈暗粉红色。

生活习性: 常在开阔的平原、农田、村落、果园等环境栖息，也出现在城市里公园、低山丘陵等地带，多见于北方。北京城市中很少出现，常见于郊区村落房顶、山林，为留鸟。常集小群活动，也会与其他斑鸠混群。喜欢在地面觅食。以野果、谷物、草籽和昆虫为食。营巢于乔木分枝上。

翠湖湿地：全年可见，春季、秋季有迁徙种群。栖息于林地、草地。

序号 42 ~ 44

夜鹰目
CAPRIMULGIFORMES

体态似鹰的中小型夜行性攀禽。头较扁平，喙极短小，但嘴裂宽阔，有发达的嘴须或特化呈须状的羽毛。雌雄同色，体色多以褐色、白色、黑色和棕色为主，斑驳似猫头鹰。两翼尖长或短圆，飞行时安静无声。尾较长，平尾或圆尾，有的种类尾羽特型延长。脚短，并趾型。主要栖息于森林，也见于开阔生境。夜行性，多以昆虫为食，少数种类以植物果实为主。营巢于树干或地面。多数种类不迁徙。

翠湖国家城市湿地公园观测到 2 科 3 种。

42 普通夜鹰

市 LC

Caprimulgus jotaka | Grey Nightjar

形态特征：体长 24~29cm，中等体型攀禽。雄鸟整体灰褐色，杂以灰白、黑褐色细斑，颏、喉部黑褐色，喉具显著白斑，外侧初级飞羽具一白斑，中央尾羽黑色，外侧尾羽具白色次端斑。雌鸟似雄鸟，但尾羽和初级飞羽无白色斑块或不显著。

生活习性：繁殖于平原、丘陵地带的开阔灌丛和阔叶林、针阔叶混交林、疏林灌丛、竹林、农田，也越来越适应城市环境，常停栖于建筑物的顶层平台。北京常见于中低山阔叶林中为旅鸟和夏候鸟。夜行性，白天通常一动不动地蹲伏在树枝、树干上或林中地面，很难被发现。飞行快速而无声，常在鼓翼飞翔后伴随着一阵滑翔。在空中盘旋飞行，捕食鳞翅目、半翅目等各种昆虫，同时鸣叫，亦会从停栖处发出鸣叫。营巢于地面。

翠湖湿地 春季、秋季迁徙偶见。见于针叶林。

43 普通雨燕

市 | LC

Apus apus | Common Swift

形态特征：体长 16~19cm，小型攀禽。雌雄相似。通体暗色的较大型雨燕；喙短阔而平扁，呈纯黑色，颏、喉部近白色；两翼极狭长呈镰刀状，外侧较内侧色浅；胸部、腹部近深褐色；具浅开叉的叉尾，尾下覆羽近深褐色。

生活习性：从荒漠、草原到城市均可以见到其踪迹，在野外多在崖壁上繁殖，在城市中多在古建筑中筑巢，近年也发现在立交桥桥墩缝隙中繁殖。北京多见于城区，特别是古建筑较多的公园、高校等地为常见候鸟和旅鸟。常集群活动，在空中捕食飞虫，飞行迅速。集群营巢于屋檐下或石崖上。

翠湖湿地 夏候鸟。观测于 4~8 月。空中觅食。

普通雨燕 Apus apus Common Swift
白腰雨燕 Apus pacificus Fork-tailed Swift

44	白腰雨燕
市 LC	*Apus pacificus* │ Fork-tailed Swift

形态特征： 体长17~20cm，小型攀禽。雌雄相似。通体污褐色的较大型雨燕；喙黑色，颏、喉部白色；上体羽、两翼大部分黑褐色；腹部黑褐色，腰部白色显著；色尾羽、尾下覆羽黑褐色；跗跖紫黑。

生活习性： 中国除西北地区外均有分布，从山地至沿海皆可见，多在近溪流和水库的崖壁、森林和苔原活动。迁徙时不常见于北京为旅鸟。集小群觅食于栖息地上空，主要以飞虫等为食。营巢于岩壁上，用枯草、枯叶、细须根、残羽等于亲鸟唾液黏附在岩壁上，巢呈圆杯形。

翠湖湿地 春季迁徙可见。观测于4~6月。空中过境。

序号 45 ~ 49

鹃形目
CUCULIFORMES

中型攀禽。体型细长，大多雌雄颜色都相同，羽毛颜色多样。喙强劲、较长而向下弯。多数两翼和尾部长。脚短，对趾型。叫声洪亮并且独特。以昆虫为食。主要在芦苇丛、灌丛、森林和荒漠等生境栖息。许多种类具巢寄生性，将卵产在其他鸟类巢中，由义亲代为养大。大部分种类具迁徙习性。

翠湖国家城市湿地公园观测到 1 科 5 种。

45 噪鹃

LC *Eudynamys scolopaceus* | Western Koel

形态特征：体长 39~46cm，大型攀禽。雄鸟全身黑色且带有暗蓝色金属光泽，虹膜红色，喙象牙白或淡绿色，喙略下弯；跗趾蓝灰色。雌鸟全身灰褐色并密布白色斑点，上体褐色，密布皮黄色及棕褐色斑点；下体皮黄色，密部深褐色斑点；尾羽具白色横斑。

生活习性：在海拔 1000m 以下的红树林、次生林、人工林及园林中活动。北京主要在丘陵、山地、山脚平原地带林木茂盛的地方栖息，为不常见夏候鸟。多单独活动，喜欢隐藏在有茂盛枝叶的树冠处，一般仅闻其声而未见其影。如果不鸣叫，很难被发现。巢寄生，一般将卵产于红嘴蓝鹊、喜鹊等鸦科和黑领椋鸟等椋鸟科鸟类的巢中。

翠湖湿地 春季、秋季迁徙可见，偶有夏候。观测于 5~8 月。栖息于林地。

46 大鹰鹃

LC *Hierococcyx sparverioides* | Large Hawk-cuckoo

形态特征：体长 38~42cm，中型攀禽。雌雄相似。头、后颈灰色，虹膜橙色，上喙黑色而下喙黄绿色，颏部黑斑较小，颈侧红褐色具黑褐色粗纵纹；上体灰褐色；下体白色，胸部红褐色具黑褐色粗纵纹，下胸及腹部具褐色横斑并沾棕色；尾较长呈灰色，具宽阔的黑色横斑和较窄的灰白色端斑；跗趾黄色。

生活习性：在山地的阔叶林至平原栖息。主要分布在中国华北、华中及南方地区。北京见于山地阔叶林中，为区域性常见夏候鸟和旅鸟。喜隐蔽，常藏匿在林间鸣叫，只闻其声未见其影。以昆虫为食，喜食鳞翅目幼虫、鞘翅目昆虫、直翅目昆虫，也吃植物果实。巢寄生，一般将卵产于其他鸟类巢中。

翠湖湿地 春季、秋季迁徙偶见。见于林地。

47	# 四声杜鹃
市 LC	*Cuculus micropterus* │ Indian Cuckoo

形态特征: 体长 31~34cm，中型攀禽。雄鸟头、颈灰色，虹膜暗褐色，眼圈黄色，上喙黑灰色而下喙黄绿色；上体灰色；下体白色具深色横斑，胸部灰色；尾部近末端具宽阔的黑斑，端部近白色；跗趾黄色。雌鸟头、颈灰褐色；上体灰褐色；胸部灰褐色。

生活习性: 在低海拔的田间树木或林地栖息。分布于中国东北至西南及东南地区。在北京常见于山地或平原地区的密林或城市公园中，为常见夏候鸟。单独或成对活动，常只闻其声而难见踪迹。喜食毛虫。繁殖期内频繁鸣叫，鸣叫声连续的四声一度。巢寄生，一般将卵产于多种雀形目鸟类的巢中。在北京的主要寄主为黑卷尾和灰喜鹊。

翠湖湿地 夏候鸟。观测于 5~7 月。栖息于林地。

48	东方中杜鹃
LC	*Cuculus optatus* | Oriental Cuckoo

形态特征：体长 25~34cm，中型攀禽。雄鸟头、颏、喉部灰色，虹膜棕黄色，眼圈黄色，喙黑色，基部黄色；上体灰色；下胸及腹部白色，具较宽的黑褐色横斑；尾黑褐色具白斑；跗趾橘黄色。雌鸟头、颏、喉部栗色；上体栗色；尾羽栗色具黑色横斑。

生活习性：栖息于山地森林。在北京为不常见旅鸟。常单独活动，喜食鳞翅目幼虫和鞘翅目昆虫，鸣叫声为低而浑厚，二声一度。巢寄生，将卵产于莺科鸟类的巢中。

翠湖湿地 罕见记录。见于林地。

49 大杜鹃

市 | LC

Cuculus canorus | Common Cuckoo

形态特征：体长32~35cm，中型攀禽。雄鸟头、颈、颏、喉呈灰色，虹膜黄色，眼圈黄色，喙近黑色，下喙基部黄色；上体灰色，背部具黑色横斑，飞羽黑褐色；胸部灰色，腹部白色具细的黑褐色斑纹；中央尾羽沿羽干两侧缀白色斑点；跗趾黄色。雌鸟似雄鸟，但胸部沾棕色。

生活习性：栖息于中低海拔林地、开阔农田或湿地间的树木。北京栖息于开阔的树林中，尤喜近水树林间，为常见夏候鸟。常单独活动，繁殖期频繁鸣叫，鸣声洪亮，在树间活动或鸣叫，较胆大，也常见于电线上，以昆虫为食，嗜吃鳞翅目幼虫。多见巢寄生于苇莺巢中，在北京主要寄主为东方大苇莺。

翠湖湿地 夏候鸟。观测于5~8月。栖息于林地、芦苇荡中。

序号 50

鸨形目

OTIDIFORMES

大中型陆禽，形态似鸵鸟但善飞行。头小，喙短而有力，颈细长。雌雄异色但差异不显著，多以褐色、白色、黑色和棕色为主。两翼宽阔，腿长而有力，善奔跑，体态健硕，飞行姿态似鹤但脚不伸出或略伸出尾端。多栖息于开阔的荒漠、戈壁和草原，常集小群活动。杂食性，主要以植物的芽、嫩叶、种子为食，也吃昆虫、小型两栖动物和爬行动物等，部分种类具迁徙习性。

翠湖国家城市湿地公园观测到 1 科 1 种。

大鸨 *Otis tarda* Great Bustard

50	大鸨
国Ⅰ EN	*Otis tarda* │ Great Bustard

形态特征：体长90~105cm，大型陆禽。雄鸟头、颈灰色，颏、喉处具细长的白色须状饰羽，颈侧具棕色须状饰羽；上体覆羽黄褐色，具宽大的棕色和黑色横斑，飞行时两翼偏白，初级飞羽羽端深色，次级飞羽黑色；下体白色；尾下覆羽白色。雌鸟颏、喉部无须状饰羽，胸白色。

生活习性：繁殖期多栖息于丘陵地带开阔的干草原、稀树草原、荒漠草原和农田，冬季多栖息于临近大面积湖泊和河流的浅水湖泊、草甸、草原和麦地。北京见于大型湿地附近的农田和草地，迁徙过境时亦飞经西、北部山区，为不常见旅鸟。繁殖期雄鸟多聚集在一起进行求偶炫耀，吸引雌鸟，实行多配制，孵卵、育雏工作由雌鸟承担；奔跑快速，飞行时振翼缓慢有力。营巢于草地浅坑中。

翠湖湿地 罕见记录。见于草地。

序号 51～61

鹤形目
GRUIFORMES

体型多样的涉禽和游禽。雌雄相似，体羽多以白色、黑色、棕色和红色为主。颈长，喙细长且尖。后趾不发达或较前趾稍高。有的具瓣蹼。多数栖息于森林、荒漠、开阔草原、沼泽、湿地等，营巢于地面。以昆虫、鱼虾，以及小型两栖类、爬行类和哺乳动物为食，也吃植物的种子、根茎、叶芽和果实。

翠湖国家城市湿地公园观测到 2 科 11 种。

51 花田鸡

国II | VU

Coturnicops exquisitus | Swinhoe's Rail

形态特征：体长12~14cm，小型涉禽。雌雄相似。头褐色，头顶具黑色纵纹，头两侧羽色较淡，须、喉部灰白色；上体深褐色，具黑色纵纹和细小白色横斑，两翼短，次级飞羽白色，飞行时与初级飞羽的黑色对比显著；胸部黄褐色，腹部灰白色，两胁具深褐色和白色的宽横斑；尾短而上翘，尾下具深褐色和白色的宽横斑；跗跖灰色或粉色。

生活习性：栖息于潮湿的草滩和沼泽，或湿地边的高草生境。北京多见于植被丰富的沼泽等地，为罕见旅鸟。单独或成对活动，性甚隐蔽；晨昏较活跃，行为隐蔽性极强，受惊时会逃匿至草丛中，较少飞行；营巢于湿地草丛中。

翠湖湿地 罕见记录。观测于9月。见于岸边、芦苇荡。

52 普通秧鸡

LC

Rallus indicus | Eastern Water Rail

形态特征：体长25~31cm，小型涉禽。雌雄相似。头褐色，头顶具黑色纵纹，头两侧羽色较淡，喉部灰白色；上体深褐色，具黑色纵纹和细小白色横斑，两翼短，次级飞羽白色，飞行时与初级飞羽的黑色对比显著；胸部黄褐色，腹部灰白色，两胁具深褐色和白色的宽横斑；尾短而上翘，尾下具深褐色和白色的宽横斑；跗跖灰色或粉色。

生活习性：活动于平原、丘陵地带的淡水沼泽、鱼塘、湖岸和水田等湿地环境。北京见于植被丰富的低海拔湿地，偶见于城市公园湿地，为不常见旅鸟、夏候鸟及冬候鸟。单独或成对活动，性甚隐蔽；晨昏较活跃，行为隐蔽性极强，受惊时会逃匿至草丛中，较少飞行。营巢于苇丛中。

翠湖湿地 春季、秋季迁徙偶见。栖息于岸边、浅滩、芦苇荡中。

53 西秧鸡

LC *Rallus aquaticus* | Western Water Rail

形态特征： 又称西方秧鸡，体长 23~31cm，小型涉禽。雌雄相似。头顶冠、后颈褐色具黑色纵纹，虹膜红色，喙较长，略下弯，喙峰至喙尖黑色，余部红色，颏、喉白色，头两侧、颈蓝灰色；上体褐色；胸、腹部蓝灰色，两胁、臀具黑白相间的横斑；尾下覆羽纯白色；跗跖红色。

生活习性： 栖息于低地或丘陵地带的水田、湖泊、沼泽、小河边的草地和灌丛。北京见于植被丰富的湿地，为罕见迷鸟（或为冬候鸟）。非繁殖期多单独活动，晨昏活动，性隐蔽，很少离开水边茂密的植被。营巢于苇丛中。

翠湖湿地 翠湖湿地罕见纪录，冬候鸟。观测于 1 月、12 月。栖息于岸边、浅滩、芦苇荡中。

54 小田鸡

LC *Zapornia pusilla* | Baillon's Crake

形态特征：体长15~20cm，小型涉禽。雌雄相似。头顶冠红褐色，具黑色纵纹和白色斑点，头两侧蓝灰色，虹膜红色，喙短呈黄绿色，颏、喉白色，后颈红褐色；上体红褐色，背部具白色纵纹；胸和上腹蓝灰色，下腹、两胁具黑白相间横斑；尾下具黑白相间横斑；跗跖黄绿色。

生活习性：栖息于各类多草的天然或人工湿地。北京多见于海拔较低的湖泊、河流、池塘、沼泽、水田等地，为不常见旅鸟和夏候鸟。多单独、成对或以家族群活动，性羞怯；偶见游泳和潜水，极少飞行，但受惊后会突然飞起，而后快隐匿于水边植物中。营巢于茂盛的近水苇丛、草丛中。

翠湖湿地 罕见记录。见于浅滩、芦苇荡。

55 红胸田鸡

LC *Zapornia fusca* | Ruddy-breasted Crake

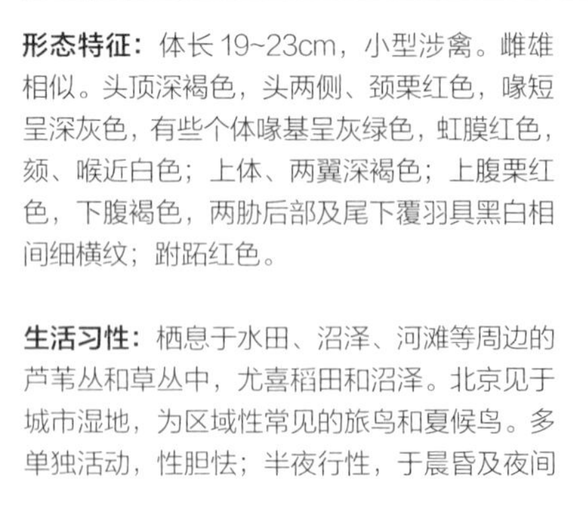

形态特征：体长 19~23cm，小型涉禽。雌雄相似。头顶深褐色，头两侧、颈栗红色，喙短呈深灰色，有些个体喙基呈灰绿色，虹膜红色，颏、喉近白色；上体、两翼深褐色；上腹栗红色，下腹褐色，两胁后部及尾下覆羽具黑白相间细横纹；跗跖红色。

生活习性：栖息于水田、沼泽、河滩等周边的芦苇丛和草丛中，尤喜稻田和沼泽。北京见于城市湿地，为区域性常见的旅鸟和夏候鸟。多单独活动，性胆怯；半夜行性，于晨昏及夜间比较活跃，较少飞行，受惊后迅速堕入草丛藏身。营巢于湿地附近的草丛或灌丛中。

翠湖湿地 罕见记录。见于芦苇荡、浅滩。

56 白胸苦恶鸟

LC *Amaurornis phoenicurus* | White-breasted Waterhen

形态特征：体长 26~35cm，小型涉禽。雌雄相似。头顶冠、后颈深灰色，前额、头两侧、颏、喉、颈白色，虹膜暗红色，喙偏绿但喙基红色；上体、两翼深灰色；胸、上腹白色，下腹棕红色；尾羽深褐色，尾下覆羽棕红色；跗跖黄色。

生活习性：通常活动于海拔 1500m 以下，喜长满芦苇或高草的沼泽、湿地、稻田、甘蔗地、红树林、潮湿的林缘地带等，也常活动于靠近人居的公园绿地和池塘。北京一般活动于水边植被丰富的河流、沼泽、水塘和水田等湿地，为区域性常见夏候鸟和旅鸟。常单独或成对活动，偶尔三两成群，较其他秧鸡胆大、近人；常在白天活动于开阔地带，穿行于苇丛和草丛中捕食小型无脊椎动物，偶尔游泳。营巢于水边的草丛或灌丛中。

翠湖湿地 春季、秋季迁徙可见。观测于 5~9 月。栖息于开阔水域、浅滩、芦苇荡中。

57 黑水鸡

LC *Gallinula chloropus* | Common Moorhen

形态特征：体长 24~35cm，小型涉禽。雌雄相似。体羽整体呈青黑色，前额具亮红色额甲，虹膜暗红色，喙短，喙基鲜红色，喙端黄绿色；仅两肋具白色纵纹；尾下覆羽两侧各具一块显著白斑，翘尾时白斑醒目；跗跖黄绿色。亚成鸟通体褐色，颏、喉白色，无红色额甲。

生活习性：栖息于植物丰富的池塘、湖泊、运河、水库等地。在北京为常见夏候鸟。单独或成对活动，喜集小群或家族群活动；擅游，能潜，遭遇敌害会潜水逃脱，会飞不擅飞，起飞之前需在水面助跑一程；也会营巢于苇丛中。

翠湖湿地 全年可见。栖息于开阔水域、浅滩、芦苇荡中。

58 白骨顶

LC *Fulica atra* | Common Coot

形态特征：体长36~39cm，小型涉禽。雌雄相似，体羽深黑灰色。虹膜暗红色，喙和额甲抢眼呈白色；仅飞行时可见后翼缘有狭窄的白色；跗跖黄绿色，趾具瓣蹼。幼鸟虹膜深褐色，颏、喉、前颈、胸白色；上体深灰色；下体淡灰色。

生活习性：栖息于各类开阔水域，尤喜流速缓慢、富有芦苇、三棱草等挺水植物的各类淡水水域。北京常见于湖泊、池塘、水库、河湾和沼泽等的挺水植物区域，为常见旅鸟和夏候鸟。高度合群栖性，非繁殖期常集群于开阔水面活动，不断晃动身体和点头，偶尔上岸觅食，冬季集大群或达数百只，也常与多种鸭类混群，但较少似其他秧鸡穿行于近水植被中，繁殖期相互争斗追打；擅潜水，起飞前需在水面上长距离助跑，扇翅速度快，且通常飞行不远。营巢于浓密的苇丛中。

翠湖湿地 夏候鸟。观测于3~10月。栖息于开阔水域、芦苇荡中。

59 白枕鹤

国Ⅰ VU *Antigone vipio* | White-naped Crane

形态特征： 体长120~153cm，大型涉禽。雌雄相似，高大灰白色鹤。体羽以灰色为主，仅头顶、枕部白色，耳羽灰色，颊至眼周裸皮红色、具黑色边缘，虹膜橙黄色，喙较长呈淡黄绿色，喙基至前额及眼先具黑灰色绒羽，颏、喉、前颈上部至后颈白色；初级飞羽和大覆羽黑色；跗跖淡红色。亚成鸟似成鸟，但头和上颈沾棕色；远观可见由头颊红黑色、颈枕白色、躯干灰色所构成的三大明显色块，飞行时可见飞羽黑色边缘和覆羽灰色形成的两大色块。

生活习性： 常见于开阔湿地、宽阔河谷或湖边的沼泽草甸。北京见于大型水库的浅水区及开阔的湖泊、草地、休耕农田等地，为不常见旅鸟。迁徙和越冬等非繁殖期多集大群或家族群活动，繁殖期成对活动，攻击性较强，繁殖期后多集小群或家族群活动，性机警而惧人；常在湖岸浅滩或农耕地漫步，边走边用喙先拨开表层土壤，寻觅埋藏在地下的食物。营巢于水生植物丰富的沼泽中。

翠湖湿地 罕见记录，观测于3月。空中过境。

蓑羽鹤 Grus virgo Demoiselle Crane

60 蓑羽鹤

国 II　LC　*Grus virgo*　Demoiselle Crane

形态特征： 体长 90~100cm，大型涉禽。雌雄相似，较小的蓝灰色鹤。顶冠白色，头侧、前颈黑色，虹膜红色，喙淡黄绿色；胸及飞羽黑色；跗跖深灰色；羽毛有三处明显特征：一是亮白且长的丝状耳羽束延至颈后；二是颈、胸部黑饰羽长而下垂；三是次级和三级飞羽都特别长，收拢两翼时可垂盖住初级飞羽和尾羽；远观可见由头颈胸黑色、躯干蓝灰色所构成的二大明显色块，飞行时可见飞羽末端黑色和腹、翼下浅色形成的两大明显色块。幼鸟虹膜褐色；耳、颈、胸无饰羽；头大致为淡灰色。

生活习性： 繁殖期活动于靠近溪流、湖泊以及其他湿地的开阔草原、沼泽草甸、湖岸等生境，也可栖息于半荒漠地区的水源地附近。北京见于各种开阔的湿地，为罕见旅鸟。喜集群活动，除繁殖期成对活动外，多数时间成小群或家族活动，极少有单只出现，善于奔走，性情机警，胆小，惧人，也不与其他鹤类合群。营巢于草甸或沼泽的草丛中。

翠湖湿地：罕见记录。见于浅滩、草地。

61 灰鹤

国 II | LC

Grus grus | Common Crane

形态特征：体长95~125cm，大型涉禽。雌雄相似，中型的灰色鹤。体羽以灰色为主，头顶中心红色、前端黑色，虹膜橙黄色，喙黄色，仅前额、眼先、颏、喉至前颈以及飞羽末端呈黑色，眼后有白色带延至后颈；伫立时长长的三级飞羽延长会垂盖住初级飞羽和尾羽；跗跖黑色。亚成鸟头颈呈淡黄色。

生活习性：常栖息于浅滩、沼泽、草甸、浅湖、海岸等各类湿地，喜欢多水生植物的开阔湖泊和芦苇沼泽。北京活动于开阔的大型水库、湖泊周边的浅滩、草地、农田等处，为区域性常见冬候鸟及旅鸟。繁殖期常成对或集小群活动，作高跳式求偶舞，迁徙季则集大群活动，停歇时会于农耕地觅食；性机警，胆小，惧人，有一鹤在鹤群活动时负责警戒；繁殖期营巢于草原、沼泽中的干燥地面上。营巢于湿地浅滩。

翠湖湿地 春季、秋季迁徙可见，偶有冬候个体。观测于1~3月、11~12月。栖息于浅滩、芦苇荡中。

序号 62 ~ 88

鸻形目 CHARADRIIFORMES

体型多样、种类不一的涉禽和游禽。多雌雄相似，羽色多数较单一，以黑、白、灰、褐和棕色为主；繁殖期部分物种雌雄异色，甚至存在“性别反转”现象。喙型变化多端，有粗短、细长，有反嘴、勺嘴。颈或短或长。两翼多尖长而善飞行。脚或短或长，蹼型多样。尾短圆或细长。有些类群善于行走和奔跑，有些种类擅长游泳。栖息于各种湿地类型，多数营巢于地面、水面、礁石。主要以鱼类、软体动物、甲壳动物、昆虫为食。多数具有迁徙习性。

翠湖国家城市湿地公园观测到的有 6 科 27 种。

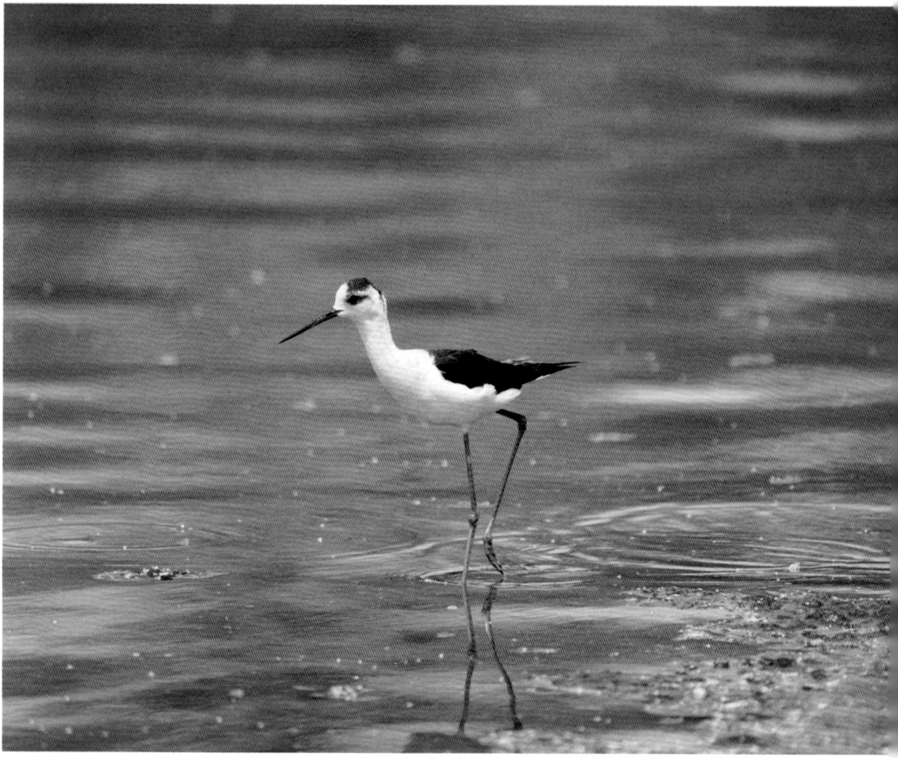

62 黑翅长脚鹬

LC *Himantopus himantopus* | Black-winged Stilt

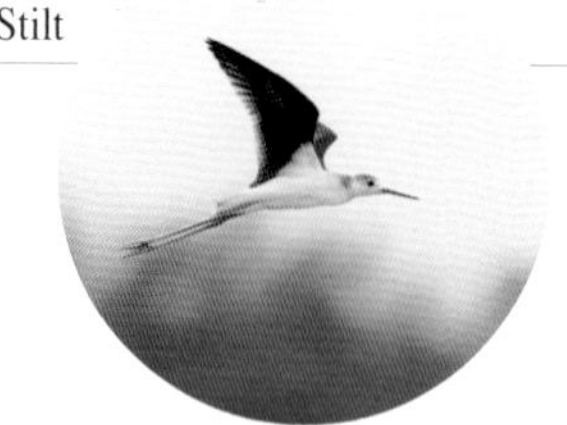

形态特征： 体长 35~40cm，小型涉禽。雌雄相似，黑白色鹬。体羽白色为主，头顶、枕部至后颈黑色，虹膜粉红色，喙细长呈黑色；两翼黑色；黑白分明的体羽、黑色长喙、粉色大长脚令其极易辨识；跗跖极修长呈淡红色。亚成鸟体羽偏褐色，顶冠和颈部略带灰色。

生活习性： 栖息于湖泊、沼泽等淡水湿地，也见于海岸附近淡水或盐水池塘、虾池，分布广泛。北京见于开阔的湖泊、河流、沼泽等湿地的浅水处，为常见旅鸟和夏候鸟。喜集群活动，不会游泳，可在较深的水中涉水觅食，夜间也可觅食；亲鸟会以佯装受伤将捕食者从幼鸟身边引开。营巢于露出水面的沼泽、浅滩和草地上。

翠湖湿地 夏候鸟，春季、秋季可见迁徙种群。观测于 4~7 月。栖息于浅滩、岸边。

53 西秧鸡

LC *Rallus aquaticus* | Western Water Rail

形态特征：又称西方秧鸡，体长 23~31cm，小型涉禽。雌雄相似。头顶冠、后颈褐色具黑色纵纹，虹膜红色，喙较长，略下弯，喙峰至喙尖黑色，余部红色，颏、喉白色，头两侧、颈蓝灰色；上体褐色；胸、腹部蓝灰色，两胁、臀具黑白相间的横斑；尾下覆羽纯白色；跗跖红色。

生活习性：栖息于低地或丘陵地带的水田、湖泊、沼泽、小河边的草地和灌丛。北京见于植被丰富的湿地，为罕见迷鸟（或为冬候鸟）。非繁殖期多单独活动，晨昏活动，性隐蔽，很少离开水边茂密的植被。营巢于苇丛中。

翠湖湿地 翠湖湿地罕见纪录，冬候鸟。观测于 1 月、12 月。栖息于岸边、浅滩、芦苇荡中。

63 反嘴鹬

LC　*Recurvirostra avosetta* | Pied Avocet

形态特征： 体长 40~45cm，中型涉禽。雌雄相似，黑白色鹬。体羽白色为主，头顶、枕、后颈、初级飞羽端部和外侧翼上覆羽黑色，虹膜褐色或红褐色，喙黑色、细长且上翘；跗跖粗壮呈蓝灰色；黑白相间的体羽、黑色上翘的长喙令其极易辨识。亚成鸟似成鸟，头顶及上体灰褐色。

生活习性： 栖息于湖泊、沼泽中，分布广泛。北京见于湖泊和河流的河滩及浅水处，为不常见旅鸟。喜单独或集成松散小群活动，在浅水处边走边左右甩动喙觅食，也会在水中倒立取食，行走轻快，也擅游泳，飞时振翅快，并作长距离滑翔；亲鸟会以佯装受伤将捕食者从幼鸟身边引开；迁徙期见于海面游泳，远看似鸥。营巢于裸露的泥地上或沙滩上。

翠湖湿地　春季、秋季迁徙偶见。观测于 3 月、10 月。栖息于开阔水域、浅滩、岸边。

64 凤头麦鸡

NT *Vanellus vanellus* | Northern Lapwing

形态特征： 体长 29~34cm，小型涉禽。雌雄相似，头侧和喉部白色，头顶、枕部、眼先、额、颏、颈黑色，虹膜暗褐色，喙较短呈黑色；胸、飞羽呈黑色，初级飞羽端部白色；尾羽基部白色，端部黑色；跗跖红色；长而窄的黑色前翻状羽冠、绿黑绿色具金属光泽的背羽、亮白色腹部令其极易辨识。非繁殖羽与繁殖羽相似，但颏、喉为白色。

生活习性： 常出现于农田和湖泊、沼泽边，但不会出现于海边。北京见于沼泽、湖泊和河流的浅水区、近水草地和农田，为区域性常见旅鸟。常集群活动，发现食物时会迅速跑过去捕捉，也常在夜间捕食，飞行时显得翅膀较宽阔，群体飞行时常有顿挫的感觉，飞行轻盈而缓慢，边飞边鸣叫。一般营巢于近水草地。

翠湖湿地：春季、秋季迁徙可见。观测于 2~4 月、10~11 月。栖息于浅滩、岸边、芦苇荡中。

65 灰头麦鸡

LC *Vanellus cinereus* | Grey-headed Lapwing

形态特征：体长32~36cm，小型涉禽。雌雄相似，腹部有黑色。头、颈灰色，虹膜红色，喙较短呈黄色、端部黑色；背、腰及翼上小覆羽褐色，初级飞羽、初级覆羽黑色，次级飞羽和大、中覆羽白色；下体白色具黑色下胸带，胸灰色；尾羽白色，端部黑色；跗跖黄色；灰褐色的头背、黑色的胸带、白色的腹部、黄色的喙和跗跖令其极易辨识。亚成鸟似成鸟，但无黑色胸带、体羽偏褐。

生活习性：常栖息于近水的开阔地带、河滩、稻田和沼泽。北京栖息于平原沼泽、草地和农田，有时离水域甚远，为不常见旅鸟。常成对或集松散的小群活动，性嘈杂，有时与凤头麦鸡混群；飞行振翅速慢，看似沉重，落地时常盘旋而落；繁殖期攻击性强，甚至会攻击并杀死其他雏鸟。营巢于开阔的裸地。

翠湖湿地 春季、秋季迁徙可见。观测于2~4月、10~11月。栖息于浅滩、岸边、芦苇荡中。

66 长嘴剑鸻

LC *Charadrius placidus* | Long-billed Plover

形态特征：体长 18~24cm，小型涉禽。雌雄相似。头顶前端黑色，头顶后部灰褐色，前额、颏、喉、颈白色，眼圈较窄呈黄色，贯眼纹灰褐色，虹膜褐色，喙较长呈黑色；两翼、上体灰褐色；下体白色，胸带黑色醒目，闭合的白色颈环下部环绕着黑色的胸带；跗跖浅黄色。非繁殖羽似繁殖羽，但胸带褐色。

生活习性：喜在多砾石的山涧溪流环境活动，迁徙时亦见于河流、湖泊、水田、沼泽地、海岸或滩涂等环境。北京多活动于有砾石滩的河流附近，为区域性常见旅鸟和留鸟。常单只或成对活动，很少与其他鸻鹬混群；行动较其他鸻类迟缓，遇危险时会藏在石滩一动不动，人一旦接近则突然飞走。营巢于沙滩或砾石滩。

翠湖湿地 春季、秋季迁徙可见。观测于 3 月~4 月、9 月~10 月。栖息于浅滩、岸边。

67 金眶鸻

市 LC *Charadrius dubius* | Little Ringed Plover

形态特征：体长 15~18cm，小型涉禽。雌雄相似。头顶前部至头两侧黑色，头顶后部褐色，前额、颏、喉、颈和眼后方眉纹白色，眼圈金黄色，虹膜暗褐色，喙短呈黑色；上体、两翼褐色；下体白色；尾羽褐色；跗跖橙色；醒目的金黄色眼圈、黑色胸带、褐色背部映衬亮白的腹令其极易辨识；非繁殖羽的头部及胸部是褐色。亚成鸟似非繁殖羽成鸟，但胸带断开。

生活习性：常栖息于沿海溪流、河流的沙洲、沼泽和沿海滩涂，有时见于内陆地区。北京见于各种湿地的沙滩、泥滩和石滩以及近水草地，为常见旅鸟和夏候鸟。常单只或成对活动，偶集小群，较少与其他鸻鹬混群；行动敏捷，常快步小跑，稍作停留后又继续快跑；觅食时会用脚搅动，而后啄食浮出水面的生物。于近水地面的浅坑营巢。

翠湖湿地 春季、秋季迁徙可见，偶有夏候小群。观测于 3~8 月。栖息于浅滩、岸边。

68 蒙古沙鸻

EN *Charadrius mongolus* | Lesser Sand Plover

形态特征： 体长18~21cm，小型涉禽。雌雄相似。头顶、颈棕红色，颏、喉白色，头侧有黑色宽带延耳羽，虹膜黑褐色，喙短呈黑色；上体、两翼褐色，胸棕红色，胸带上缘黑色；下体白色；尾羽褐色；跗跖灰绿色。非繁殖羽头侧呈褐色宽带，前额及眉纹白色，上体羽色更暗淡。

生活习性： 喜在沿海滩涂、河口、沙洲等环境活动，有时亦见于内陆河流、沼泽地、盐田等地带。北京多见于湖边滩地及河岸，为不常见旅鸟。喜单独或集小群活动，常与其他鸻鹬类混群，有时集大群；性较大胆，常在浅滩走走停停，边走边觅食；若非迫不得已，一般不起飞。营巢于海滨沙滩或内陆湖滩上。

翠湖湿地 春季、秋季迁徙偶见。栖息于浅滩、岸边。

69 丘鹬

LC *Scolopax rusticola* | Eurasian Woodcock

形态特征： 体长33~38cm，小型涉禽。雌雄相似。头、颈黄褐色，头顶具黑色横斑，贯眼纹黑色，颏、喉淡白色，眼睛位于头侧偏后部，虹膜深褐色，喙长直呈黄褐色、喙端黑色；上体黄褐色，上体及两翼具黑色和淡黄色斑点，腰部具锈红色和黑色斑；下体淡灰褐色或灰白色，具黑褐色横斑；尾部具锈红色和黑色斑；跗跖短呈粉色。

生活习性： 栖息于阴暗潮湿、林下植物发达、落叶层较厚的阔叶林和混交林中，也见于林间沼泽、湿草地和林缘灌丛地带。北京见于森林、灌丛和农田，偶见于城区公园和居民区绿化带中，为不常见旅鸟。常单独或成对活动，不喜集群；性孤独，行为隐秘，受惊时藏在植物中不动；夜行性，白天隐蔽，多在晚上、黎明和黄昏觅食，用长喙插入潮湿泥土中摆动头部觅食，也直接在地面啄食；占域行为极具特征；雄鸟在晨昏时于森林上空来回缓慢飞行，起飞时喙向下，发出爆破式尖叫及响亮多变的鸣声。营巢于森林近水处。

翠湖湿地 春季、秋季迁徙偶见。观测于2~4月、10月。栖息于草丛、林下、浅滩、岸边。

70 扇尾沙锥

LC *Gallinago gallinago* | Common Snipe

形态特征： 体长 24~29cm，小型涉禽。雌雄相似。头顶深褐色、中央具乳黄色冠纹，眉纹乳黄白色，贯眼纹黑褐色，侧冠纹黑褐色，虹膜黑褐色，喙长直呈淡褐色、端部黑色；颈、上胸黄褐色，具黑褐色纵纹；下胸和两胁具褐色斑纹，其余下体白色，背、肩具乳黄色羽缘，形成 4 条纵带，两翼细而尖，次级飞羽具宽阔白色后缘、翼下具明显白色宽斑，次级飞羽端部具白色翼后缘，翼下覆羽黑褐横斑少，飞翔时可见极明显大块白斑；尾羽仅 14 枚左右，大多除两枚最外侧尾羽外，其余尾羽皆具深褐色基部、白色端部和栗红色次端斑；跗跖黄绿色。

生活习性： 常见于沿海和内陆湿地。北京见于植被丰富的河边、湖岸、水塘等湿地，为区域性常见旅鸟。过境时多集松散的小群活动；晨昏觅食活跃，白天隐匿于高大苇丛和草丛中；受惊吓会突然飞起，飞行忽上忽下，不断无规律地急转弯，轨迹似“Z”形曲折锯齿状；雄鸟繁殖期进行炫耀求偶飞行，常升至巢域上空成圈飞翔，再快速降落，展开尾羽，颤动发出特有的声音，如此反复多次，有时也站在巢区树上或电柱上鸣叫。营巢于森林、草原、沼泽等地的地面。

翠湖湿地 春季、秋季迁徙可见，偶有夏候个体。观测于 3~5 月、9、8~10 月 . 栖息于浅滩、岸边、芦苇荡中。

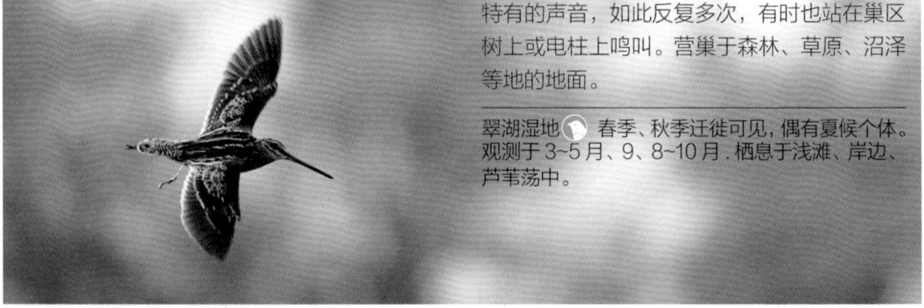

71 大沙锥

LC *Gallinago megala* | Swinhoe's Snipe

形态特征： 体长 27~30cm，小型涉禽。雌雄相似。头顶正中具从嘴至枕的白色长条顶冠纹，眉纹淡黄色，眼先白色，从嘴基直至眼、在眼下方各有一条黑褐色纵纹，喙浅褐色、喙端黑色，颏、喉近白色，颈至胸具褐色斑纹；上体褐色，具黄色纵纹和棕色横斑，翼下覆羽白色，具黑褐色横斑；下体余部白色；尾羽 18~26 枚，多为 20 枚，中央 4~6 对尾羽基部黑色，次端栗色，端部白色，外侧其余尾羽明显更细；跗跖黄绿色。

生活习性： 常见于沼泽、湿草地和稻田。北京见于水田以及湿地的草丛和苇丛中，为不常见旅鸟。迁徙时多单独活动，偶集松散小群；活动主要在晚上、黎明和黄昏，受惊时多选择在原地蹲伏隐匿于植被中，待危险临近时突然冲出和飞起；雄鸟在繁殖期表演空中求偶飞行，飞得很高后来回盘旋，然后突然收起两翅，从高空急剧垂直冲下，呈扇形展开的尾羽和空气摩擦会发出特有的声音。营巢于开阔森林中的草丛、灌木或芦苇丛下干燥浅坑，或在林缘草地、沼泽的水域附近。

翠湖湿地 秋季迁徙偶见。观测于 9 月。见于浅滩、岸边、芦苇荡中。

72 黑尾塍鹬

NT *Limosa limosa* | Black-tailed Godwit

形态特征：体长 37~42cm，小型涉禽。雌雄相似。头、颈红色，头顶密布黑色短纵纹，眉纹白色，贯眼纹黑褐色，虹膜褐色，喙长直呈粉色、端部黑色；背部和翼上覆羽棕色，飞羽具宽阔醒目白色翼斑；下体白色，胸棕红色，下胸至上腹具黑色横斑；跗跖长呈黑色。

生活习性：栖息于平原草地和森林平原地带的沼泽、湿地、湖边的草丛，迁徙时见于沿海和内陆各种湿地的滩涂及浅水。北京见于沼泽、水田等湿地，为区域性常见旅鸟。喜集群活动，性热闹；以长喙探入淤泥或水中觅食，有时头部几乎全部埋入其中。营巢于湿地附近的草丛中。

翠湖湿地 春季迁徙偶见。观测于 5 月。栖息于浅滩、岸边。

73 鹤鹬

LC *Tringa erythropus* | Spotted Redshank

形态特征：体长 26~33cm，小型涉禽。雌雄相似，体羽黑色为主，具白色点斑；眼圈白色，虹膜褐色，喙细长直呈黑色、喙基部红色；两翼色深并具白色斑点；跗跖暗红色。

生活习性：常见于沿海和内陆各种湿地的浅水区域和滩涂、农田等地。北京见于水边沙滩、泥地、浅水处，为区域性常见旅鸟。喜单只或松散集群活动；相对其他鸻鹬而言，鹤鹬能在较深的水中行走觅食，有时甚至会游水。营巢于湖边草地、苔原和沼泽地土丘上或岩石和树下。

翠湖湿地 春季迁徙偶见。观测于 4 月。栖息于浅滩、岸边。

74 白腰草鹬

LC *Tringa ochropus* | Green Sandpiper

形态特征： 体长 20~24cm，小型涉禽。雌雄相似，敦实褐白色鹬。头顶、前额、后颈黑褐色具白色纵纹，白色眉纹自嘴基至眼上，眼先黑褐色，眼圈白色较窄，虹膜暗褐色，喙黄绿色、端部黑色，颏、喉白色；背、腰黑褐色微具白色羽缘，飞羽近黑色且无斑点；上胸、两胁白色密被黑褐色纵纹，腹、臀纯白色，尾羽及覆羽白色，除外侧一对纯白尾羽外，其余尾羽具宽阔的黑褐色横斑，横斑数目自中央尾羽向两侧逐渐递减；飞行时跗跖伸至尾后；跗跖黄绿色。

生活习性： 栖息于海拔 3000m 以下的山地或平原森林中的湖泊、河流、沼泽和水塘附近。北京见于植被丰富的河流、湖泊、沼泽和农田，为区域性常见旅鸟和冬候鸟。常单独活动，偶尔集小群或与其他鸻鹬混群；性胆小谨慎，受惊时会快速逃离，飞行轨迹如沙锥般呈锯齿状；喜小水洼、池塘、沼泽和沟壑，站立时身体常上下颤动，飞行时振翼甚快。营巢于森林中的河流、溪流和沼泽附近。

翠湖湿地 春季、秋季迁徙可见。观测于 3~5 月、9~11 月。栖息于浅滩、岸边、芦苇荡中。

林鹬 Tringa glareola Wood Sandpiper

75	林鹬
LC	*Tringa glareola* | Wood Sandpiper

形态特征：体长19~23cm，小型涉禽。雌雄相似，纤细褐灰色鹬。头顶、眼先深褐色，眉纹、颏、喉白色，喙短直、基部黄绿色；上体深褐色具白色斑点，腰部白色；下体偏白色；尾部白色并具褐色横斑；跗跖黄绿色或黄褐色。

生活习性：栖息于林中或林缘开阔沼泽、湖泊、水塘与溪流岸边。北京见于植被丰富的平原湿地，为常见旅鸟。常单独活动或集松散小群，迁徙期也集大群，有时与其他涉禽混群；性胆小机警，常沿水边边走边觅食，遇到危险立即起飞，边飞边叫。繁殖期营巢于近水林地的树上，有时亦于地面筑巢。

翠湖湿地、春季、秋季迁徙可见。观测于4~5月、9月。栖息于浅滩、岸边。

76 矶鹬

LC *Actitis hypoleucos* | Common Sandpiper

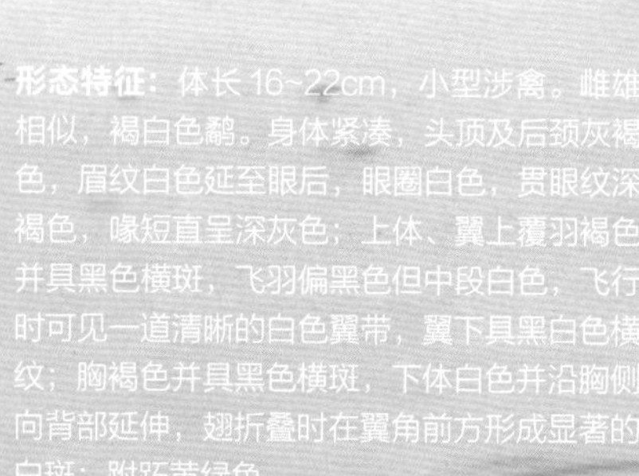

形态特征： 体长16~22cm，小型涉禽。雌雄相似，褐白色鹬。身体紧凑，头顶及后颈灰褐色，眉纹白色延至眼后，眼圈白色，贯眼纹深褐色，喙短直呈深灰色；上体、翼上覆羽褐色并具黑色横斑，飞羽偏黑色但中段白色，飞行时可见一道清晰的白色翼带，翼下具黑白色横纹；胸褐色并具黑色横斑，下体白色并沿胸侧向背部延伸，翅折叠时在翼角前方形成显著的白斑；跗跖黄绿色。

生活习性： 栖息于丘陵和山脚平原一带的江河沿岸、湖泊、水库、水塘岸边，也出现于海岸、河口和附近沼泽湿地。北京见于城区和郊区水库河流、湖泊、沼泽岸边，为常见旅鸟。喜单独活动，迁徙期偶集小群，有时也与其他鸻鹬混群；性活跃，常沿水边快速行走觅食，行走时不停点头，停歇时尾连续上下摆动，滑翔时两翼能保持不动；具领地意识，会驱赶进入领地其他同类；受惊时常贴着水面飞离，边飞边叫，振翅幅度较小。营巢于小岛或岸边草丛中地上。

翠湖湿地 春季、秋季迁徙可见。观测于4~5月，8~9月。栖息于浅滩、岸边。

77 阔嘴鹬

国 II　LC　*Calidris falcinellus*　|　Broad-billed Sandpiper

形态特征： 体长16~18cm，小型涉禽。雌雄相似。身体紧凑，头顶深褐色具白色纵纹如“西瓜纹”，眉纹白色、自眼上方起被一道深色线分叉为上下两道，喙较长直且粗壮、喙尖端向下弯；上体黑色并具白色和栗褐色羽缘，翼上大覆羽白色端斑所形成一道白色翼斑仅飞行时可见，腕部黑斑通常可见；下体白色为主，胸部灰褐色具细纹；腰部至尾部白色但中央贯穿一道黑色纵纹；跗跖暗绿色。

生活习性： 常见于海岸、河口以及附近的沼泽和湿地，仅迁徙季见于内陆湖泊与河流地带。北京见于湖泊、河流附近的草地和泥滩等，为不常见旅鸟。常单只、成对或集分散小群活动，非繁殖期有时也集大群，或与黑腹滨鹬等其他滨鹬混群；性孤僻；觅食时会向前远远伸出头颈，喙几乎与地面垂直，插入泥中寻找食物；遇险时蹲伏不动，待敌逼近才突然飞走。营巢于水域附近草地、芦苇丛或土丘凹坑。

翠湖湿地 罕见记录。栖息于浅滩、岸边。

78 黄脚三趾鹑

LC *Turnix tanki* | Yellow-legged Buttonquail

形态特征：体长 12~18cm，小型涉禽。雌雄相似，棕褐色三趾鹑。头顶至后颈红褐色，具淡黄色斑，虹膜灰白色，喙黄色；上体灰褐色，具黑色斑点；腹部淡黄色；尾羽很短；飞行时可见浅黄色覆羽与深褐色飞羽形成的两大色块；跗跖黄色。雌鸟较雄鸟略大，羽色相似但更鲜艳，虹膜黄色。

生活习性：常见于平原荒地、草地、沼泽、农田以及海拔 2000m 以下丘陵、林缘灌丛等地。北京见于低山灌丛、草地、农田、城市公园等地，为不常见旅鸟和夏候鸟。常单独或成对出现，性极隐蔽，晨昏相对活跃；善奔跑，常在地面草丛中快速穿行；受惊时较少起飞，或快速奔逃或就地隐蔽以逃避敌害，一旦惊飞，振翅极快，却飞不远，会奔跑或藏匿。营巢于茂密草丛中地表凹陷的浅坑，由雄鸟单独孵卵、育雏。

翠湖湿地 秋季迁徙偶见。观测于 9 月。见于草丛、灌木丛。

79 普通燕鸻

LC *Glareola maldivarum* | Oriental Pratincole

形态特征：体长 20~28cm，小型涉禽。雌雄相似，棕白色燕鸻。头、颈棕褐色，具橄榄色光泽，喙黑色、喙基红色，颏、喉皮黄色，具内侧白色和外侧黑色形成的领环；上体棕褐色，两翼褐色，翼下覆羽栗色，飞羽端部黑色，翼长且具叉尾；胸淡棕色，腹部灰色；尾羽黑色呈叉形，尾部覆羽白色；跗跖较短呈黑色。亚成鸟喙黑色，上体褐色，下体白色。

生活习性：常栖息于开阔平原地区的湖泊、河流、水塘、农田、耕地和沼泽地带。北京见于开阔草地、农田及水库、湖泊、河流等湿地，为不常见旅鸟和夏候鸟。喜集群活动，与其他涉禽混群；性嘈杂；善奔跑，飞行迅速而灵活，形态优雅，站立和飞行姿势似燕；主要在地面缓步或跑动觅食，并不停点头，也会于空中捕食。营巢于湿地附近的地面浅坑。

翠湖湿地 春季迁徙偶见。观测于 4 月。见于浅滩、岸边。

80 红嘴鸥

LC *Chroicocephalus ridibundus* | Black-headed Gull

形态特征：体长 36~42cm，小型游禽。雌雄相似，成鸟繁殖羽体羽白色为主。头部深褐色并具断开的白色眼圈，虹膜暗褐色，喙暗红色；背部和两翼灰色，初级飞羽端部黑色；跗跖红色。幼鸟似成鸟非繁殖羽，但喙和跗跖颜色更淡，翼上覆羽具褐色斑点，尾羽具黑色端斑。

生活习性：常见于沿海及内陆各种水域。北京见于城区、郊区各类湿地，为常见旅鸟。喜集群，喜与其他鸥类混群，数量大，甚常见，性喧闹；站立在海上漂浮物或柱子上，在鱼群上方盘旋飞行；集群繁殖，一起营巢群从几对到近千对。营巢于湖泊、水塘、河流等水边草丛、芦苇丛中，或沼泽土丘、岸边沙石滩上，或水中漂浮物如芦苇堆上。

翠湖湿地 春季迁徙可见。观测于 3~6 月。栖息于开阔水域、浅滩。

81 遗鸥

国 I | VU

Ichthyaetus relictus | Relict Gull

形态特征： 体长38~46cm，小型游禽。雌雄相似。头从前部深棕色逐渐过渡为后部纯黑色，具上下断开的白色眼圈，虹膜棕褐色，喙深红色，颈白色；背部及两翼灰白色，外侧初级飞羽黑色，具白色端斑；胸、腰、尾及整个下体皆白色；跗跖深红色。亚成鸟似非繁殖羽成鸟，但翼上覆羽具灰褐色斑点；尾羽端部黑色；跗跖、喙黑色或灰褐色。

生活习性： 繁殖期活动于荒漠湖泊的湖心岛上，随降水而游荡，冬季栖息于河口、海岸。北京一般见于郊区较大湿地，为不常见旅鸟。常集群活动，在滩涂上觅食，也会在海面游泳。集群营巢于荒漠、半荒漠湿地的湖心小岛上。

翠湖湿地 罕见记录。见于开阔水域。

82	黑尾鸥
LC	*Larus crassirostris* | Black-tailed Gull

形态特征：体长 43~48cm，小型游禽。雌雄相似。头部羽色干净，头、颈白色，眼周红色，虹膜浅色，喙基黄色、端部红色具黑斑；背部及两翼深灰色，外侧初级飞羽黑色，内侧初级飞羽及次级飞羽具白色端斑；腰及下体白色；尾部白色并具宽大黑色次端条带；跗跖黄色。

生活习性：栖息于海岸沙滩、悬岩、草地以及邻近的湖泊、河流和沼泽地带。北京见于水库、湖泊、河流的开阔水面，为罕见旅鸟。常成群在沿海渔场活动，或在海面上空飞翔或伴随船只觅食。集群于海岸岩石上营巢。

翠湖湿地 罕见记录。观测于 11 月。空中过境。

83	普通海鸥
LC	*Larus canus* | Mew Gull

形态特征： 体长 40~52cm，小型游禽。雌雄相似。除背部和两翼翼上覆羽灰色外，全身其余体羽皆为白色，喙黄色或黄绿色；外侧初级飞羽黑色具白色次端斑，其余飞羽灰色具白色端部；跗跖黄色。

生活习性： 适应各种湿地环境，通常出现于海岸地带，但在内陆湖泊也可见到。北京见于各种湿地的开阔水面，为不常见旅鸟。成对或集小群活动，飞行灵活而轻快，振翅充分。集群于近水的地面上营巢。

翠湖湿地 春季迁徙偶见。观测于 3 月。空中过境。

84 西伯利亚银鸥

LC *Larus vegae* | Vega Gull

形态特征：体长 55~68cm，中型游禽。雌雄相似。除背部和两翼灰色、翼尖黑色，全身其余体羽皆为白色，虹膜浅黄至偏褐色，喙黄色、下喙具红色端斑；最外侧初级飞羽具白色端斑；跗跖粉红色。幼鸟喙黑色，上体咖啡色，尾羽端部黑色。

生活习性：栖息于河流、湖泊、水库等内陆大型水体，或滨海海湾、潮间带、礁岩等生境。北京多见于较大型湿地的开阔水域，为区域性常见旅鸟。集群活动，喜在水面上成群低飞，常利用热气流滑翔节省体力。繁殖期营巢于近水和沼泽地面。

翠湖湿地 春季、秋季迁徙可见。观测于 2~3 月、9~11 月。栖息于开阔水域、浅滩、岸边。

85 鸥嘴噪鸥

LC *Gelochelidon nilotica* | Common Gull-billed Tern

形态特征：体长33~43cm，小型游禽。雌雄相似。头顶全黑，枕部具灰色杂斑，喙粗壮呈黑色；上体背、腰及两翼覆羽浅灰色，翅较长，外侧初级覆羽深灰色；下体白色；尾羽开叉略深；跗跖黑色。非繁殖期头顶白色，仅眼后具黑斑。

生活习性：多栖息于滨海和河口湿地，也至内陆湖泊、沼泽。北京见于河口、沼泽等湿地，为不常见旅鸟。常集松散小群活动，在水面、水边草地或沼泽上空轻盈飞行，用喙在滩涂或水面上空轻点觅食，较少俯冲入水觅食。营巢于近水的裸露地面。

翠湖湿地 夏季偶见。观测于7月。见于开阔水域。

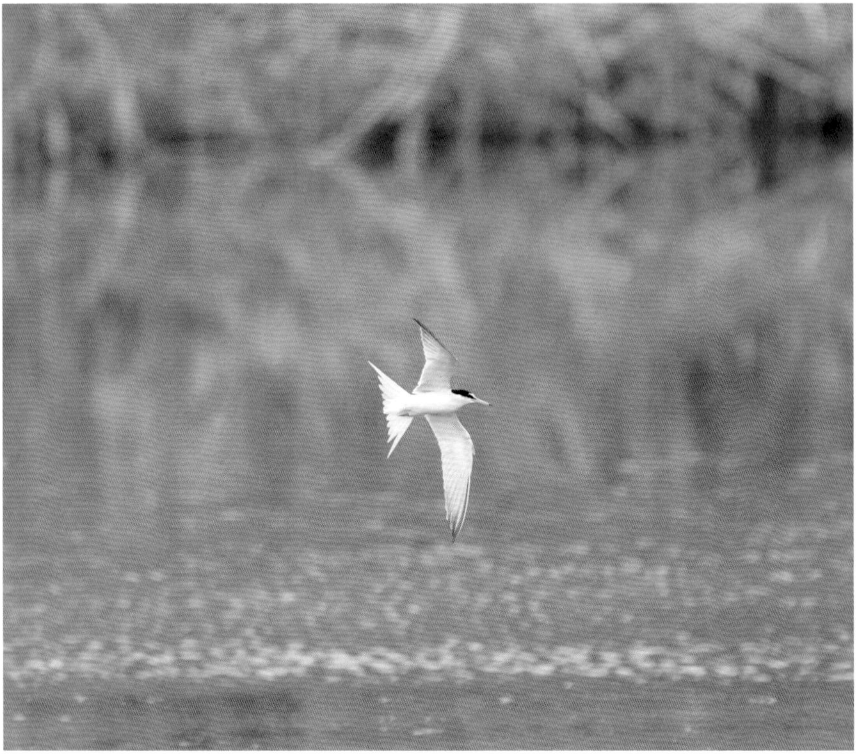

86	白额燕鸥
LC	*Sternula albifrons* | Little Tern

形态特征： 体长 20~28cm，小型游禽。雌雄相似。头顶、枕部和眼先黑色，前额白色，喙黄色、喙端黑色；背部、腰和两翼翼上浅灰色；下体白色；尾略分叉，尾羽呈浅叉状；跗跖短呈橙色。幼鸟喙色暗淡，但前额和上背具棕色杂斑，尾白而尾端褐。

生活习性： 栖息于沿海和内陆湿地的沙洲、河床附近。北京见于河口、沼泽等湿地，为不常见旅鸟和夏候鸟。常集群活动，也与其他燕鸥混群；飞行轻盈，振翅迅速，潜水前常喙朝下于空中悬停，发现猎物迅速俯冲而下。在沙滩的地面扒一浅凹为巢。

翠湖湿地 春季迁徙偶见。观测于 5 月。栖息于开阔水域。

87 普通燕鸥

LC *Sterna hirundo* | Common Tern

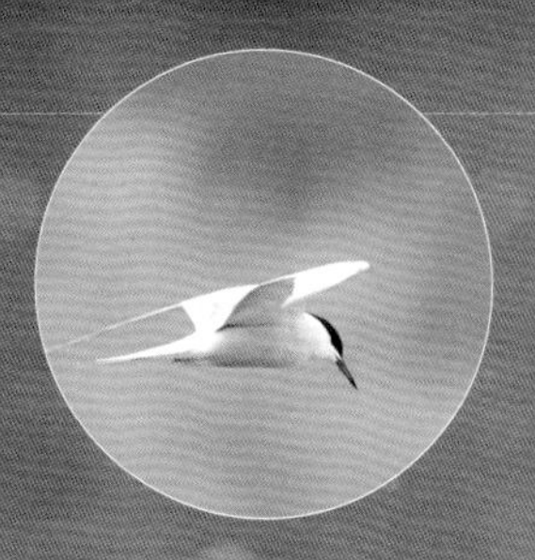

形态特征：体长31~38cm，小型游禽。雌雄相似。头顶至枕部纯黑色，喙长尖呈红色、喙端黑色；背部、两翼浅灰色；下体白色，胸部浅灰色；尾羽白色呈深叉形。幼鸟上体具深褐色斑纹。

生活习性：栖息于内陆河流、湖泊、沼泽、池塘等湿地生境，也见于滨海、河口湿地。北京见于河流、湖泊等湿地，为区域性常见旅鸟和夏候鸟。喜集小群活动，飞行轻盈迅速，于水面低飞觅食，具燕鸥类典型的悬停、俯冲捕食习性。一般营巢于湿地水域岸边的沙滩、石滩和沼泽中。

翠湖湿地 春季迁徙可见。观测于4~7月。栖息于开阔水域。

88	灰翅浮鸥
LC	*Chlidonias hybrida* | Whiskered Tern

形态特征： 体长 23~28cm，小型游禽。雌雄相似。头顶、枕部黑色，颊、颏、喉、颈部白色，虹膜深褐色，喙暗红色；上体及两翼灰色，翅较圆，翅尖明显超过尾尖；下体深灰色；尾呈浅叉形；跗跖暗红色。幼鸟上体具棕色斑。

生活习性： 栖息于开阔平原湖泊、水库、河口、海岸和附近沼泽地带。北京见于水生植物丰富的较大河流、湖泊和水库，也见于大湖大河附近的小水渠、水塘及农田上空，为常见夏候鸟和旅鸟。集松散群体在水面上空飞翔，用喙轻点水面觅食，扎入浅水或低掠过水面，也能悬停。以水生植物为巢材建浮巢。

翠湖湿地 春季迁徙可见。观测于 6 月。栖息于开阔水域。

序号 89 ~ 90

鹳形目

CICONIIFORMES

大型涉禽。雌雄相似，体羽多以黑色、白色、红色和黄棕色。喙粗长且有力，喙基较厚。翼宽，颈、腿细长，跗跖长，尾较短。栖息于河流、湖泊、沼泽等湿地生境，飞行能力强，常漫步在开阔湿地觅食，以鱼类、两栖动物、爬行类和昆虫甚至腐食为食。营巢于树木、岩壁和房顶等高处。分布于温带的种类具有迁徙习性。

翠湖国家城市湿地公园观测到 1 科 2 种。

89 东方白鹳

国 I | EN

Ciconia boyciana | Oriental Stork

形态特征：体长110~115cm，大型涉禽。雌雄相似，除飞羽、大覆羽、初级覆羽为黑色外，体羽和尾羽均为白色；眼周裸露皮肤红色，虹膜乳白色，喙厚直呈黑色；跗跖朱红色。亚成鸟呈污黄色。

生活习性：栖息于沼泽环境和开阔的田野，也会在草地上觅食。北京罕见于开阔而偏僻的水域，迁徙时通常在平原地区河流、沿岸的沼泽地和有水草的浅水处活动觅食，为旅鸟。常单独或集群活动，迁徙时通常在平原地区的河流、沿岸沼泽地和有水草的浅水处活动觅食，飞行时振翅缓慢，迁徙时依赖气流盘旋而上。筑巢在高大乔木顶端或高压电线塔上，巢体甚大。

翠湖湿地：罕见记录，春季迁徙可见。观测于2月、5月。空中过境。

90 黑鹳

国 I | LC

Ciconia nigra | Black Stork

形态特征： 体长 100~120cm，大型涉禽。雌雄相似，雌鸟体羽金属光泽较雄鸟稍暗。颈、上体和上胸黑色，眼周裸露皮肤红色，虹膜黑褐色，喙粗长呈红色；飞行时翼下黑色，次级、三级飞羽内侧白色；肩、颈背、上胸、翼具有紫绿色金属光泽；下胸、腹、两胁和尾下覆羽白色；跗跖红色。亚成鸟上体褐色，下体白色。

生活习性： 繁殖期多选择靠近山崖的河流觅食，在崖壁上筑巢，越冬时会选择沼泽地、浅水湖泊等处。北京区域性常见于有悬崖的河谷、湿地，为留鸟。常单独或小集群活动，在小河流和湖泊中觅食，在乔木、悬崖壁上休息。营巢于山谷峭壁之上。

翠湖湿地 春季、秋季迁徙可见。观测于 2~4 月、6 月、10 月。栖息于岸边、浅滩。

序号 91

鲣鸟目
SULIFORMES

大中型海洋鸟类。喙粗且长，上喙具鼻钩，尖端带钩。雌雄同色，体羽以黑色、白色、红色和褐色为主。两翼短圆或尖长。脚短且多具全蹼；尾长、呈楔形或深叉形，鸬鹚和蛇鹈尾长且硬直。多栖息于海洋、湖泊和河流等湿地，飞行能力强。营巢于灌木、矮树和崖壁。多数种类擅于游泳和潜水，以鱼类和其他水生动物为食。普遍具迁徙或游荡习性。

翠湖国家城市湿地公园观测到 1 科 1 种。

91 普通鸬鹚

市 | LC

Phalacrocorax carbo | Great Cormorant

形态特征：体长 77~94cm，大型游禽。雌雄相似。喙部厚重，喙前段钩状且长，喙端深灰色，喙基较淡，脸颊和喉部白色，繁殖羽眼周和喉侧裸皮黄色，头部和颈部具白色丝状饰羽；周身黑色具铜绿色金属光泽；两肋具白斑。非繁殖羽似繁殖羽，但头、颈无白色区域，两肋无白斑。

生活习性：栖息于河口、水库、河流、湖泊、河塘、沼泽等各类水域环境，有时亦见于沿海地区。北京常见于开阔水域或岸边树上，主要为旅鸟。常集群活动，常在树枝上或水中岩石上休息，擅长游泳和潜水捕鱼，可在水中追寻食物近 1min。南方多有驯养，称为“鱼鹰”。因尾脂腺不发达，常见其在休息时展翅晾晒羽毛。迁徙飞行时会排或“人”字形或“一”字形队列，但没雁阵整齐。集群营巢于水边树上。

翠湖湿地：夏候鸟，部分冬候。观测于 2~12 月。栖息于开阔水域及岸边树上。

序号 92 ~ 105

鹈形目

PELECANIFORMES

中到大型涉禽和游禽。雌雄相似。上喙具鼻沟，喙长、腿长、颈长，鹈鹕具独特的喉囊。脚具全蹼或蹼不发达（鹮科和鹭科）。翼宽阔，尾羽较短。一些种类飞行时脖子弯曲。多单独或集群栖息于江河、湖泊、沼泽和沿海等湿地生境。营巢于树上或地面，部分种类营群巢。喜食鱼类、两栖爬行类、昆虫乃至小型哺乳动物。多数种类具迁徙习性。

翠湖国家城市湿地公园观测到 3 科 14 种。

92	白琵鹭
国 II　LC	*Platalea leucorodia* | Eurasian Spoonbill

形态特征：体长 80~95cm，大型涉禽。雌雄相似，全身羽毛白色，喙长、灰色，形似琵琶，喙尖黄色，眼先和喙基仅有一条黑色线连接；跗跖黑色。

生活习性：活动于多水生动物的湖泊、沼泽、河流、水库，也见于海岸和河口。北京见于郊区湿地的开阔水面，为常见旅鸟。喜集群活动，在小河流、泞水塘、湖泊或泥滩水中缓慢前进，采用左右摆头的独特方式划水觅食。集群筑巢于树上或地面。

翠湖湿地 春季、秋季迁徙可见。观测于 2~5 月、7~9 月。栖息于浅滩、岛屿。

93	大麻鳽
市 LC	*Botaurus stellaris* | Eurasian Bittern

形态特征：体长64~78cm，中型涉禽。雌雄相似。头顶、额和枕部黑色，头侧金色，眼先黄绿色，眉纹淡黄白色，喙长直呈黄褐色，颏、喉部白色且边缘具明显的黑色颊纹，颈粗长，身体较粗胖；背黄褐色，具较粗的黑褐色斑点；下体淡黄褐色，具黑褐色较粗纵纹；跗跖粗短呈黄绿色。

生活习性：栖息于河流、湖泊附近的芦苇丛中。北京多见于山地丘陵和山脚下平原地带的河湖苇丛、菖蒲中，为不常见的旅鸟、夏候鸟和冬候鸟。喜单独活动，性隐蔽，喜高芦苇丛，常立于有干枯芦苇的水边，头、颈、喙向上伸直凝神不动，与秋冬季干枯芦苇浑然一体，伪装效果极好，隐蔽性极强，不易被发觉，受惊时从芦苇上低飞而过。单独营巢在苇丛、草丛之中。

翠湖湿地 冬候鸟。观测于1月、3月、11月。栖息于芦苇荡、岸边、浅滩。

94 黄斑苇鳽

LC *Ixobrychus sinensis* | Yellow Bittern

形态特征：体长30~40cm，小型涉禽。雌雄相似。头顶和枕部蓝黑色，头侧、颈侧黄白色，眼橙黄色，瞳孔圆形，喙黄绿色、喙峰暗褐色，颈后部和背部具黄褐色；上体浅黄褐色，飞羽黑色，翅覆羽皮黄色；下体皮黄色；尾羽黑色；跗跖黄绿色。亚成鸟全身纵纹密布，两翼和尾部黑色。

生活习性：栖息于茂密芦苇丛或稻田中。北京见于平原和低山丘陵地带的湿地苇丛、菖蒲中，为常见夏候鸟和旅鸟。常单独活动，性安静，常隐秘于挺水植物中，具拟态行为，被发现时保持静止不动，将喙指向天空模拟芦苇，受惊时也不高飞，而是飞行一段后继续藏身苇丛中。常弯折芦苇茎、叶在离水面不高的苇秆上筑巢。

翠湖湿地 夏候鸟。观测于5月~9月。栖息于芦苇荡、浅滩。

95	紫背苇鳽
市 LC	*Ixobrychus eurhythmus* | Schrenck's Bittern

形态特征：体长 33~42cm，小型涉禽。头顶暗栗褐色，虹膜黄色，瞳孔狭长近似"一"字，喙基黄色、喙峰黑褐色，从喉至胸有一栗褐色纵纹形成的中线；上体紫栗色，翼下灰色；下体具皮黄色纵纹，腹部淡土黄色；跗跖黄绿色。亚成鸟体羽偏暗，背部有明显白色斑点。

生活习性：栖息于茂密芦苇丛或稻田中。北京见于开阔平原草地、岸边植物丰富的水域等处，为不常见夏候鸟及旅鸟。喜单独活动，性孤僻，常晨昏活动。营巢于植物茂密的草地上，甚为简陋。

翠湖湿地　春季迁徙偶见。观测于 6 月。栖息于芦苇荡、浅滩。

96 栗苇鳽

LC *Ixobrychus cinnamomeus* | Cinnamon Bittern

形态特征：体长 31~41cm，小型涉禽。从头顶至尾部及飞羽、覆羽均为栗红色，眼先黄绿色，虹膜黄色，瞳孔狭长近似“一”字，喙黄褐色、喙峰黑褐色，颈侧具偏白色纵纹，喉、胸部有黑褐色纵纹形成的中线；下体淡红褐色，胸侧部缀有黑白两色斑点，两肋具黑色纵纹；跗跖黄绿色。亚成鸟下体具纵纹和横斑，上体具点斑。

生活习性：栖息于茂密芦苇丛或稻田中。北京见于平原和低山丘陵地带的湿地苇丛、菖蒲中，为不常见夏候鸟及旅鸟。常单独活动，性羞怯孤僻，白天栖于稻田或草地，受惊时一跃而起，晨昏和夜间较活跃，飞行低，振翅缓慢有力。营巢于水边苇丛或灌丛中。

翠湖湿地 罕见夏候鸟。观测于 7 月。栖息于芦苇荡、浅滩。

97 夜鹭

LC *Nycticorax nycticorax* | Black-crowned Night-heron

形态特征：体长 58~65cm，中型涉禽。雌雄相似。
头蓝灰色，眼先黄绿色，虹膜深红色，喙黑色，颈短呈白色，颊、颈侧淡灰色；背部蓝灰色；胸和两肋淡灰色，其余下体白色；繁殖期枕部向后伸 2~3 枚辫状白色丝状饰羽；跗跖黄色。亚成鸟上体暗褐色，具浅色斑点，下体白，具浅色细纵纹。

生活习性：适应溪流、沼泽、浅水湖泊、人工池塘等各种湿地环境。北京常见于各种湿地，主要为夏候鸟和旅鸟。独居或群居，性不惧人，白天集群栖息于树上休息，傍晚鸟群分散，开始活跃，昼夜均可捕食，常在稻田、草地和水道旁等待，捕食动作迅速，飞行时常缩起颈部。成群筑巢于高大乔木上。

翠湖湿地 全年可见。栖息于岛屿、岸边、浅滩。

98	**池鹭**
LC	*Ardeola bacchus* | Chinese Pond Heron

形态特征：体长 42~52cm，中型涉禽。雌雄相似。头、后颈、颈侧棕红色，具显著冠羽、长至背部，眼先、脸裸皮黄绿色，虹膜黄色，喙黄色、喙尖黑色，颏、喉、前颈白色；翼白色，肩蓝黑色，具蓑羽、向后伸达尾羽末端；胸棕红色，腹部白色；尾白色；跗跖暗黄色。

生活习性：常栖息于稻田和涨水地区，适应各种湿地环境。北京甚常见于各种湿地，为夏候鸟。单独或集分散小群觅食，也会与其他鹭类混群，性大胆，不甚惧人，常长时间静待猎物，发现猎物后迅速出击捕食，飞行时振翅缓慢，晚间三两成群飞回夜栖地。集群营巢于高大乔木之上。

翠湖湿地 夏候鸟。观测于 4~10 月。栖息于岛屿、岸边、大型浮水植物、浅滩。

99 | 市 | LC

牛背鹭

Bubulcus coromandus | Cattle Egret

形态特征： 体长46~55cm，中型涉禽。雌雄相似。头、颈橘黄色，眼先、虹膜橙红色，喙黄色；背部橘黄色；上胸橘黄色，其余纯白色；跗跖暗黄至近黑色。

生活习性： 栖息于平原或低山的各类湿地，以及牧场和农田。北京区域性常见于平原草地、农田之中，为旅鸟和少量夏候鸟。成对或小群活动；胆大、不惧人，与家畜关系密切；喜捕食被家畜吸引或惊飞的昆虫，或啄食翻耕出来的无脊椎动物，有时停落在牛背之上。集群营巢于树上。

翠湖湿地 夏候鸟。观测于5~9月。栖息于岛屿、岸边、浅滩。

100 苍鹭

LC *Ardea cinerea* | Grey Heron

形态特征：体长 90~99cm，大型涉禽。雌雄相似。头、颈白色，眼先裸皮黄绿色，贯眼纹黑色，喙黄色，颈部具2~3列黑色纵纹；背白色，飞羽、翼角黑色；胸白色，体侧有大型黑色块斑，余部灰色；身体细瘦，喙、颈和跗跖皆甚长，飞行时颈部缩成“S”形，振翅缓慢，双翼显沉重，跗跖伸于尾后。幼鸟的头、颈灰色较重，头部无黑色。

生活习性：常栖息于河流、湖泊、滩涂及稻田等多种湿地。北京常见于城区和郊区各种湿地，为夏候鸟、旅鸟和冬候鸟。常单独活动，冬季有时集大群，性孤僻，常长时间站立于浅水中耐心等待捕食机会。一般筑巢于岸边悬崖峭壁或高大乔木上。

翠湖湿地 全年可见。栖息于岛屿、岸边、浅滩。

101 草鹭

市　LC

Ardea purpurea | Purple Heron

形态特征： 体长 78~97cm，大型涉禽。雌雄相似。头顶蓝黑色，具 2 条黑色辫状冠羽，眼先裸皮黄绿色，虹膜黄色，喙黄褐色，颈细长呈栗褐色，颈侧有蓝黑色纵纹，枕部有 2 条黑色辫状冠羽；肩栗褐色，背部和翼覆羽灰色；胸部、腹部中央铅灰黑色，两侧暗栗色，其余体羽红褐色。

生活习性： 栖息于平原和低山丘陵的开阔水域，喜欢在稻田、苇丛、湖泊和溪流等水生植物丰富的地方活动。北京不常见于开阔平原和低山丘陵的河湖、水库岸边，为夏候鸟和旅鸟。觅食时多单独行动，可长时间单脚站立，静候鱼群。集大群营巢于水域岸边的芦苇荡或草丛中。

翠湖湿地　偶见于夏、秋季。观测于 7 月、9 月。栖息于芦苇荡、浅滩。

102 大白鹭

市 | LC

Ardea alba | Great Egret

形态特征：体长90~98cm，大型涉禽。雌雄相似。全身体羽洁白，眼先裸皮蓝绿色，喙黑色，喙裂延至眼后，颈具纽结，颈下方具短丝状饰羽；后背部具丝状长过尾部的饰羽；胸具短丝状饰羽；腿部裸皮红色，跗跖黑色。

生活习性：除青藏高原外的内陆湿地和沿海地区均有分布。北京常见于平原或低山丘陵的开阔湿地的河、湖、沼泽等地，为夏候鸟、旅鸟及不常见越冬鸟。集小群在岸边或水中静待食物，或在浅水中边缓慢行走找寻食物；飞行姿态优雅，振翅缓慢有力。营巢于高大乔木或苇丛中。

翠湖湿地 偶见夏候鸟、旅鸟。观测于3月~10月。栖息于岛屿、浅滩。

103 中白鹭

市 | LC

Ardea intermedia | Intermediate Egret

形态特征：体长62~70cm，中型涉禽。雌雄相似。全身体羽洁白，眼先裸皮灰绿色，虹膜黄色，喙黑色，颈部无纽结、呈“S”形；背和前颈下部有松软丝状长蓑羽；跗跖黑色。

生活习性：常见低海拔湿地，栖息于稻田、河流、湖泊、沼泽、泥滩、红树林及海岸；北京不常见于郊区的河湖、水库、池塘等浅水处和稻田，为旅鸟和夏候鸟。常单独或成对活动，行走缓慢，飞行从容。集群繁殖，也与其他水鸟混群营巢于树上。

翠湖湿地 偶见夏候鸟、旅鸟。观测于7~9月。栖息于岛屿、浅滩。

104 白鹭

LC *Egretta garzetta* | Little Egret

形态特征：体长 52~68cm，中型涉禽。雌雄相似。全身体羽纯白，眼先裸皮淡粉色，虹膜黄色，喙黑色，枕部具 2 根松软细长的矛状饰羽；背和前颈具有蓑状羽；跗跖黑色、趾黄色。

生活习性：栖息于湖泊、沼泽、稻田、泥滩和沿海小溪等处。北京常见于湖泊、水库、池塘等各湿地生境，为旅鸟和夏候鸟及不常见冬候鸟。白天喜成小群活动，于浅水处觅食，晚间呈“V”字编队飞回夜栖地；飞行时颈部缩呈“S”形，速度缓慢；常与其他鸟类混群。集群营巢于高大乔木上。

翠湖湿地 夏候鸟、旅鸟。观测于 3~11 月。栖息于岛屿、浅滩。

105 卷羽鹈鹕

国Ⅰ | NT | *Pelecanus crispus* | Dalmatian Pelican

形态特征：体长160~180cm，大型游禽。雌雄相似。全身体羽白色为主，仅飞羽羽端黑色，颊、眼周裸皮乳黄色，喙粗长，上喙灰褐色、前端具爪状弯钩，下喙橙红色、具可收缩的大型橙黄色喉囊，颈枕部具卷曲状冠羽；跗跖近灰色，为全蹼足。

生活习性：栖息于淡水湖泊、沼泽和河口，也见于海湾。迁徙季罕见于北京开阔水面，为罕见旅鸟。喜集群活动于开阔的湿地，擅长游泳，飞行能力强，姿态缓慢优雅。营巢于近水的地面或树上。

翠湖湿地 罕见记录。观测于4月。见于开阔水域。

序号 106 ~ 127

鹰形目
ACCIPITRIFORMES

以肉食性为主的猛禽，体型大小不一。喙强壮带钩，基部覆蜡膜，上喙具锺状突或双齿突。雌雄大多同色，但一般雌性个体略大于雄性，羽色多以褐色、白色、黑色和棕色为主。翼型多样，善飞行；脚大多强健有力，具锋利而弯曲的爪；尾中等长，尾型多样。栖息环境多样，从高山裸岩、森林、荒漠、戈壁到沼泽、湖泊、河流、海岸和岛屿。寿命较长。主要为肉食性，捕捉昆虫、鱼类、两栖爬行类、鸟类、中小型哺乳动物等猎物，或食腐，个别种类也吃植物果实。超过一半的种类具有迁徙习性。

翠湖国家城市湿地公园观测到 2 科 22 种。

106 鹗

国 II | LC

Pandion haliaetus | Osprey

形态特征：体长 56~62cm，中型猛禽。雌雄相似。褐、黑、白色鹰。头顶和后颈白色，深色的短羽冠可竖立，虹膜黄色，喙黑色并具灰色蜡膜。上体多为暗褐色，背部有白色小斑，飞行时翅形极狭长、中间弯折，呈“M”形，翼下覆羽白色，翼角有明显的黑斑。下体白色，胸部缀赤褐色斑纹，停落时可见青灰色裸足，外趾能反转向后，趾底具刺突。尾短。雌鸟胸前可见比雄鸟更为明显的深褐色块。

生活习性：终年亲水而居，活动于平原低地的河流、湖泊、水库、海岸、岛屿等鱼源丰富的水域。北京常见于各种大型开阔水域，为旅鸟。觅食时以固定的路线巡飞，以鱼类、蛙类及小型水禽为食，常盘旋于水域上空，发现猎物后折合双翅直扑猎物，并能潜入水中追捕，性胆大，不畏人，领域性亦不强。在水域附近乔木上搭筑高大的厚皿状窝。

翠湖湿地 春季、秋季迁徙可见。观测于 3~5 月、10 月。栖息于开阔水域、林中。

107 凤头蜂鹰

国 II | LC

Pernis ptilorhynchus | Oriental Honey-buzzard

形态特征：体长 57~61cm，中型猛禽。体色极度多样化，具从淡棕白色到黑褐色等多种色型。常见的褐色型雄鸟头灰色，喙黑色，虹膜色深，具浅色喉斑，喉斑周围具浓密黑色纵纹，并常具黑色中线，头颈部尤为纤细，具有短而硬的鳞片状羽毛以防蜂类叮咬；上体褐色，翼较宽大具极粗重的黑色翅后缘，翼指端黑，下体具点斑和横纹；尾羽较长呈暗褐色，中部淡灰褐色，具甚窄的浅色端斑；跗跖黄色。雌鸟头褐色，虹膜黄色；尾羽淡灰褐色，具两条较窄的深褐色横斑、较宽的深褐色次端斑和甚窄的浅色端斑。

翠湖湿地 春季、秋季迁徙可见。观测于 5~6 月、9~10 月。空中过境。

生活习性：繁殖期偏好蜂类较多的森林，北京迁徙季节常见于西部山区，城市上空亦可见，为旅鸟。每年春秋两季集大群，沿固定路径迁徙，常形成数量较大的迁徙过境集群，飞行时沉稳缓慢，常振翼几次后作长时间滑翔，两翼平伸翱翔，喜食蜜蜂及黄蜂，常袭击蜂巢，有时会出现在养蜂场附近，也捕食其他昆虫、两栖爬行动物和小鸟。

108 短趾雕

国II LC *Circaetus gallicus* | Short-toed Snake Eagle

形态特征： 体长60~70cm，大型猛禽。雌雄相似。头、颈棕褐色，颈短而头圆，似大型猫头鹰，喙蓝灰色，蜡膜黄色，喙尖端黑色且上喙下弯呈钩状，虹膜黄色；上体暗褐色，翼下覆羽白色，具褐色点状斑；下体白色，有褐色横斑或点状斑；尾下覆羽白色具黑色横斑；跗跖上部被羽，趾较短小，呈铅灰色。

生活习性： 繁殖于开阔、干旱的低山疏林地区或河谷，迁徙时见于各类开阔生境。北京迁徙季见于西部山区、北部山区开阔水面附近，为不常见旅鸟。常单独活动，翱翔于空中，也能似隼一般悬飞觅食，主要以蛇类为食，发现蛇后会从天而降，用爪控制住蛇的身体，用喙攻击蛇头，同时不断用翅膀扑击，防止蛇身卷在颈部或翅膀上，亦食蜥蜴、蛙类、小型鸟类和鼠类。多营巢于林缘地区，置巢于树顶部枝杈上。

翠湖湿地 罕见记录。观测于10月。空中过境。

109 乌雕

国 I | VU

Clanga clanga | Greater Spotted Eagle

形态特征： 体长61~74cm，大型猛禽。雌雄相似。全身深褐色近黑。喙黑色，基部较浅淡，蜡膜黄色，虹膜褐色；背部和翼上有浅色斑点组成的条带，翼下初级飞羽基部有不甚明显的月牙形淡色区域；跗跖黄色，爪黑色。

生活习性： 常栖于低山丘陵和平原湿地等环境。北京迁徙季见于西部山区和郊区开阔水域上空，为不常见旅鸟。白天活动，主要在旷野捕食，常长时间地站立于树梢上，有时在林缘和森林上空盘旋，主要以野兔、鼠类、野鸭、蛙、蜥蜴、鱼类和鸟类等动物为食，偶尔也吃动物尸体和大的昆虫。营巢于林中高大的乔木树上，巢的结构较为庞大，主要由枯树枝构成，呈平盘状。

翠湖湿地 春季、秋季迁徙可见。观测于3~4月、9~10月。空中过境。

110	靴隼雕
国 II LC	*Hieraaetus pennatus* | Booted Eagle

形态特征： 体长 42~51cm，中型猛禽。雌雄相似。常见有深色淡色两个色型。喙灰色，蜡膜淡黄色，虹膜褐色；上体褐色具黑色和皮黄色杂斑，飞行时可见其标志性肩羽，两块显著的白色斑块似“探照灯”，两翼褐色，初级飞羽深色，深色型翼下覆羽为棕色，浅色型翼下覆羽为皮黄色；深色型胸部棕色，浅色型胸部淡皮黄色；尾端平直，尾下覆羽近白色；跗跖淡黄色，爪黑色。

生活习性： 常栖于中低海拔的山地森林及平原林区。北京迁徙季见于山区及附近的低海拔区域，为不常见旅鸟。喜欢单独或成对活动，常在林缘的天空中快速飞行或往复盘旋，有时在茂密的林地中快速飞行捕捉猎物，有时自高空俯冲而下捕捉地面猎物，多以两栖爬行动物、小型哺乳动物和中小型鸟类为食，但亦常常攻击鸭类、雉类、兔等偏大型猎物，还会主动袭击其他鸟类的巢，赶走亲鸟，吃掉幼鸟。通常营巢于森林中高大的乔木上，巢多置于树上部枝杈上，结构较为庞大而简陋，巢呈盘状。

翠湖湿地 春季、秋季迁徙偶见。观测于4月、9月。空中过境。

草原雕 Aquila nipalensis Steppe Eagle

111 草原雕

国Ⅰ | EN

Aquila nipalensis | Steppe Eagle

形态特征： 体长70~82cm，大型猛禽。雌雄相似。通体深褐色。头部较小而突出，虹膜浅褐色，喙灰色，蜡膜黄色，嘴裂长度可达眼睛中后部；上体深褐色，翅下覆羽色深，飞羽略浅可见其上密布黑色横纹，翅下具显著的白色宽带分割了飞羽与覆羽；下体土褐色；跗跖黄色，爪黑色。

生活习性： 常栖息于开阔的草原、草地、荒漠、低山丘陵等地带，我国西部高海拔地区亦可见其踪影。北京迁徙季见于西部山区，为不常见留鸟。白天活动，或长时间栖息于电线杆上，或盘旋于草原和荒地上空，在一些地区常在垃圾场周围活动，主要以小型哺乳动物和鸟类为食，亦喜食腐肉，甚至还会捕食貂类、鼬类小型食肉目动物。营巢于悬崖上或山顶岩石堆中，也营巢于地面干草堆，巢浅盘状。

翠湖湿地 秋季迁徙偶见。观测于10月。空中过境。

112 金雕

国 I | LC

Aquila chrysaetos | Golden Eagle

形态特征： 体长 78~93cm，大型猛禽。雌雄相似。通体深褐色。头后、颈部可见大片浅色羽毛泛金黄色，虹膜褐色，喙巨大呈灰色，蜡膜黄色；飞行时白色腰部明显，翅下飞羽较覆羽色浅；下体黑褐色；飞行时尾长而圆；跗跖黄色。

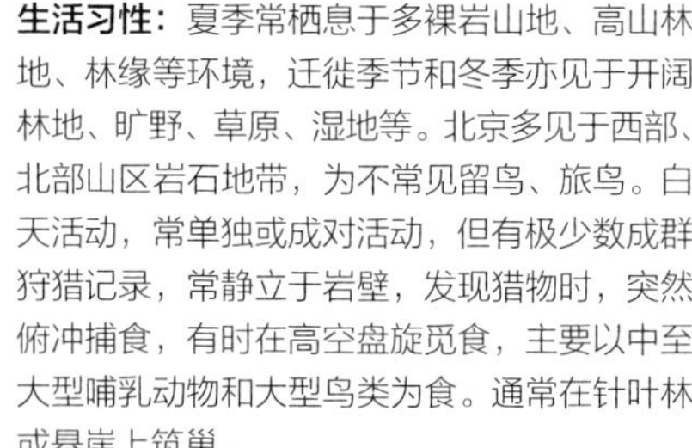

生活习性： 夏季常栖息于多裸岩山地、高山林地、林缘等环境，迁徙季节和冬季亦见于开阔林地、旷野、草原、湿地等。北京多见于西部、北部山区岩石地带，为不常见留鸟、旅鸟。白天活动，常单独或成对活动，但有极少数成群狩猎记录，常静立于岩壁，发现猎物时，突然俯冲捕食，有时在高空盘旋觅食，主要以中至大型哺乳动物和大型鸟类为食。通常在针叶林或悬崖上筑巢。

翠湖湿地 罕见记录。空中过境。

113 赤腹鹰

国 II | LC

Accipiter soloensis | Chinese Goshawk

形态特征： 体长 25~35cm，小型猛禽。雄鸟头青灰色，虹膜红黑色，喙灰色而端黑，蜡膜橙色；上体青灰色，背部羽端略具白色，翼窄长，翅后缘平直，黑色翼尖与白色翼下覆羽对比鲜明；下体白色，胸和两胁略偏橙棕色，两胁具浅灰色横纹，腿部亦略具横纹；外侧尾羽具不明显黑色横斑；跗跖橘黄色。

生活习性： 繁殖于中低海拔的林地，一般不超过海拔 1000m，觅食于开阔地带。北京迁徙季见于山区，在山区林地甚至城市公园中有繁殖，为不常见旅鸟和夏候鸟。喜开阔林区，春秋季迁徙时会集大群，沿固定路径迁徙迁飞，性隐秘而机警，掠食性较弱，多食青蛙、蜥蜴、昆虫等，偶尔也吃小型鸟类和鼠类。营巢于林中的树丛上。

翠湖湿地 春季、秋季迁徙可见。观测于 5~6 月、8~10 月。空中过境。

114 松雀鹰

国 II | LC

Accipiter virgatus | Besra Sparrow Hawk

形态特征： 体长 25~36cm，小型猛禽。雄鸟脸颊灰色，虹膜橙黄色至红色，喙黑色，蜡膜灰色，颈侧灰色，喉白色具显著的深色喉中线，有黑色髭纹；上体深灰色，翅后缘突出弧度明显；下体白色，具宽而粗的栗色横斑；尾羽灰色具深色横纹；跗跖及趾黄色，细长且中趾长。雌鸟似雄鸟，颊褐色。

生活习性： 适应各种类型的林地，以低海拔丘陵地带为主，通常不超过海拔 2200m。北京迁徙季甚罕见于西部山区，为旅鸟。常单独或成对活动，性隐蔽，性情机警，胆小惧人，不易观测，多在树林内部栖息、觅食，不常在空中盘旋，盘旋时双翼水平，经常变换方向或俯冲入林，一旦飞到空中又转为勇武好斗，领域性强，喜挑衅驱逐别的鸟类以及猛禽，以各种小鸟为食，也吃蜥蜴、蝗虫、甲虫等昆虫以及小型鼠类。营巢于茂密森林中枝叶繁盛的高大树木上部。

翠湖湿地 罕见记录。空中过境。

115 日本松雀鹰

国 II | LC

Accipiter gularis | Japanese Sparrow Hawk

形态特征： 体长 23~30cm，小型猛禽。雄鸟头灰蓝色，虹膜橙红色，喙黑色，蜡膜黄色，喉白有不明显的喉中线；背部灰蓝色，翼型窄，翼后缘有圆凸；胸腹部淡红褐色具细密横纹，纹路模糊，胁浅粉褐色；尾部灰色并具数条深色带，尾上横斑较窄；跗跖及趾黄绿色，纤细且中趾长。雌鸟虹膜黄色；背褐色；胸腹部横纹更清晰。

生活习性： 喜低海拔森林于旷野交界的浅山疏林地带，觅食于开阔地。在北京为区域性常见的旅鸟及罕见夏候鸟。常单独活动，春秋季沿固定路径迁徙，不集大群，飞行气质独特，振翅急促有力似鸠鸽，飞行迅速，捕食技巧突出，凶猛活泼，常在空中挑衅、攻击其他猛禽，主要以小型鸟类为食，也食昆虫、蜥蜴等。常营巢于茂密的山地森林和林缘地带，巢小而坚实，呈圆而厚的皿状。

翠湖湿地 春季、秋季迁徙可见。观测于 5~6 月、9~10 月。林间、空中过境。

雀鹰 *Accipiter nisus* Eurasian Sparrow Hawk

116 雀鹰

国Ⅱ | LC

Accipiter nisus | Eurasian Sparrow Hawk

形态特征：体长30~40cm，中型猛禽。雄鸟头青灰色，眉纹色浅，颊棕红色，虹膜黄色；上体青灰色，翼短；下体白色，胸腹部密布淡褐色横纹；尾较长，具深色横斑；腿细，跗跖黄色且中趾长。雌鸟体型较大，上体褐色；下体白色，胸腹部密布灰褐色横纹。

生活习性：主要在混交林、阔叶林、针叶林等山地森林或林缘地带活动，有时亦到公园、农田附近。北京常见于平原开阔林地、农田和城市公园，主要为旅鸟和冬候鸟，夏季偶见于山区，近年在西部高海拔山区有繁殖记录。常单独活动，迁徙时偶尔集松散小群，领域性较强，会驱逐进入领地的其他猛禽，常在林间观测四周，伺机捕猎，飞行灵巧，可以在林间快速穿梭，主要以小型鸟类和小型啮齿类为食。营巢于山区松树顶端，巢呈厚皿状。

翠湖湿地 全年可见。栖息于林中、草地。

苍鹰 *Accipiter gentilis* Northern Goshawk

117 苍鹰

国 II | LC

Accipiter gentilis | Northern Goshawk

形态特征： 体长 47~59cm，中型猛禽。雌雄相似。成鸟头顶灰黑色，具标志性的白色眉纹，虹膜红色；上体及两翼深灰色，羽缘色浅形成鳞状纹；下体白色，腹部具不显著棕褐色横纹；尾较短；跗跖粗壮呈黄色。未成鸟上体黄褐色；下体米黄色，胸腹部具黄褐色纵纹。

生活习性： 常栖息于林地或林缘，有时亦在丘陵地带、城市公园、旷野附近活动。北京多见于丘陵山麓的针叶林、阔叶林和混交林中，亦见于林缘开阔地，为区域性常见旅鸟和冬候鸟，近年来西部山区有繁殖记录。非繁殖期常单独活动，领域性较强，性凶猛，会驱逐进入领地的其他猛禽，甚至有时会杀死短耳鸮、雀鹰等个体较小的猛禽，除迁徙期外，较少在高空盘旋，多隐藏在林中窥视猎物，飞行快而灵活，善于在林间穿梭，主要以野兔、鼠类及各种鸟类等为食。营巢于高大乔木上，巢用枯草筑成，呈厚皿状。

翠湖湿地 春季、秋季迁徙可见，偶有冬候。观测于 1~4 月、9~10 月。栖息于林中、开阔草地。

118 白头鹞

国II | LC

Circus aeruginosus | Western Marsh Harrier

形态特征：体长43~55cm，中型猛禽。雄鸟头、颈皮黄色具黑褐色纵纹，虹膜黄色，喙灰色；背部及翼上覆羽棕褐色，翼前缘淡黄白色，外侧初级飞羽黑色，内侧飞羽和初级飞羽银灰色，翼指附近黑色；下体棕褐色；尾羽灰色；跗跖黄色。雌鸟通体呈深褐色；头顶及喉为黄白色，具宽的黑褐色贯眼纹，虹膜浅褐色。

生活习性：栖息于低山平原地区的湖泊、河流、沼泽、芦苇塘等开阔水域及其周边。在北京为罕见迷鸟。常单独或成对活动，常贴着草丛低飞，两翅上举呈深“V”字形，并低头寻找猎物，一旦确定目标便会折翅俯冲，抓住后就地进食，而很少像其他猛禽一样带到其他地点进食，主要以小型鸟类、雏鸟、鸟卵、小型啮齿类、蛙类、蜥蜴、蛇类等为食。

翠湖湿地 罕见记录。空中过境。

119	白腹鹞
国II | LC	*Circus spilonotus* | Eastern Marsh Harrier

形态特征： 体长48~58cm，中型猛禽。雄鸟头、颈大致为黑白色，部分个体头、颈为全黑，少数个体头淡棕色，喉部具白色纵纹，虹膜黄色，喙灰色；上体大致为黑白色，少数个体上体褐色，翼上覆羽大致为黑色，具白色斑点，外侧初级飞羽黑色，其余飞羽皆为灰白色；下体大致为白色，胸部具黑色纵纹，少数个体下体棕红色；尾上覆羽白色，尾羽银灰色。雌鸟头深褐色，头顶、颏、喉羽色较浅；上体深褐色，具疏密不等的白色纵纹；下体红棕色；尾羽褐色。

生活习性： 常栖息于沼泽、江河、湖泊、苇塘等各类湿地水域环境。北京活动于湿地苇丛区域，为区域性常见旅鸟。常单独或成对活动，多在湿地上空贴近水面或沼泽地低空飞行，两翅向上举呈浅“V”字形，通常以滑翔为主，较少扇翅，停栖时多在地面或较低的土堆上，不似其他猛禽喜在高处停栖，主要以小型鸟类、鼠类、蛙类、蜥蜴、蛇类和大型昆虫为食。营巢于浓密的苇丛中。

翠湖湿地 春季、秋季迁徙可见。观测于3~5月、9~10月。栖息于岛屿、林中。

120 白尾鹞

国II　LC　*Circus cyaneus* | Hen Harrier

形态特征: 体长43~54cm，中型猛禽。雄鸟头、颈灰色，虹膜黄色，喙黑色；上体灰色，初级飞羽黑色，翼下白色，飞行时可见翅下飞羽上有显著且粗重的黑色横纹；下体白色；尾上覆羽白色；跗跖黄色。雌鸟虹膜褐色；上体褐色，胸腹部皮黄色且多纵纹。

生活习性: 常栖息于平原和山地丘陵地区的淡水沼泽、江河、湖泊、草原、荒地等环境，有时亦至农田、沿海湿地、草坡等环境活动。北京区域性常见于西部山区以及较低海拔的开阔荒地和湿地，为旅鸟和冬候鸟。常单独或成对活动，主要在白天活动和觅食，尤以晨昏最为活跃，多在湿地或草地上空低飞，两翅上举呈“V”字形，滑翔时两翅微向后弯曲，有时在地面上站立，注视湿地或草丛中的猎物，主要以小型鸟类、鼠类、蛙类、蜥蜴和昆虫等为食。

翠湖湿地 春季、秋季迁徙可见。观测于4月、10~11月。空中过境。

121 鹊鹞

国II LC

Circus melanoleucos | Pied Harrier

形态特征：体长 43~50cm，中型猛禽。雄鸟体羽黑白色甚为分明，头、颈、颏、喉部均为黑色，虹膜黄色；背部黑色，飞行时可见后背标志性的“三叉戟”形边缘整齐的黑色带，两翼银灰色为主，翼下覆羽白色，外侧初级飞羽黑色；下体白色，胸腹分界，黑白分明；尾羽灰白色，尾下覆羽白色。雌鸟上体褐色并具纵纹，翼下飞羽具黑色横斑；下体皮黄色并具棕色纵纹。

生活习性：常栖息于开阔的低山丘陵，山脚平原，淡水沼泽，江河、湖泊、草原等环境，有时亦至农田、沿海湿地活动。北京多见于各种大型开阔水域，为不常见旅鸟。常单独活动，多在林缘草地、湿地、灌丛上空低飞，飞行时两翅上举呈“V”字形，以滑翔为主，不时抖动两翅，觅食方式主要是沿低空缓慢飞行，注视和搜寻地面猎物，发现目标后突然降至地面捕食，主要以小鸟、鼠类、林蛙、蜥蜴、蛇类、昆虫等小型动物为食。营巢于湿地草丛或苇丛中。

翠湖湿地 春季、秋季迁徙可见。观测于 4~5 月、10~11 月。空中过境。

122 黑鸢

国 II | LC

Milvus migrans | Black Kite

形态特征：体长 54~66cm，中型猛禽。雌雄相似。全身棕褐色。眼后有明显黑色耳斑，虹膜黄色，蜡膜灰色；上体暗褐色，背部及覆羽可见不规则的白色斑点及纵纹，飞行时可见初级飞羽基部具明显白斑；胸腹部具不规则纵纹；中央尾羽内凹的叉形尾似鱼尾。

生活习性：栖息于开阔草原、低山丘陵、城郊田野及湿地周边。北京迁徙季常见于河湖水边、郊区附近及村庄居住区，为旅鸟。白天活动，飞行快速而有力，也能借助气流在空中长时间盘旋，适应能力强，喜成群，性机警，捕食迅速而凶猛，喜食鱼，亦食腐，有时也捕捉大型昆虫或小型脊椎动物。通常营巢于高大树上。

翠湖湿地 春季、秋季迁徙可见。观测于 3~5 月、9~10 月。空中过境。

123 白尾海雕

国 I　LC

Haliaeetus albicilla | White-tailed Sea Eagle

形态特征： 体长74~92cm，大型猛禽。雌雄相似。全身褐色。头、后颈多为淡黄褐色，虹膜黄色，喙厚而粗壮呈黄色，蜡膜黄色；翼下近黑色飞羽和深栗色翼下覆羽形成对比；胸腹部褐色；尾短而中央外凸呈楔形，洁白醒目；跗跖黄色。

生活习性： 常栖息于湖泊、河流、海岸及河口等地，繁殖期喜在有高大乔木的水域或森林地区的开阔湖泊及河流地带活动。北京不常见于郊区大型开阔水域，为冬候鸟和旅鸟。常单独或成对活动，冬季有时集群，主要在白天活动和觅食，休息时喜在岩石、地面、冰面上停栖，常在湖面或海面上空飞行，飞行时两翼平直，常轻扇翅膀飞行一阵后接着滑翔。营巢于海岸高峭岩壁凹处或高大树木顶端。

翠湖湿地 秋季迁徙偶见。观测于10月。空中过境。

124 灰脸鵟鹰

国II | LC | *Butastur indicus* | Grey-faced Buzzard

形态特征：体长 39~48cm，中型猛禽。雌雄相似。头侧近黑色，具明显白色眉纹，颏、喉部白色明显，具黑色的喉中线和髭纹，颊部灰色，虹膜黄色，喙灰色，蜡膜黄色；上体褐色，具近黑色的纵纹和横斑；胸腹部密布红褐色横纹；尾羽上具黑褐色横斑；跗跖黄色。

生活习性：出没于中低海拔的稀疏阔叶林、针阔混交林和针叶林。北京迁徙季过境于山区，北部山区亦有少量繁殖，为区域性常见旅鸟、夏候鸟。常单独或成对活动于林地边缘，越冬偏好开阔环境，迁徙集大群，性情较为胆大，常在天空盘旋或停立在树梢上，观测地面的猎物然后伺机捕食，主要以小型蛇类、蛙类、蜥蜴、鼠类和小鸟为食。营巢于阔叶林或混交林中靠河岸的疏林地带或林缘地带的树上。

翠湖湿地 春季、秋季迁徙可见。观测于4~5月、9~10月。空中过境。

普通鵟 Buteo japonicus Eastern Buzzard

125 普通鵟

国Ⅱ | LC | *Buteo japonicus* | Eastern Buzzard

形态特征： 体长42~54cm，中型猛禽。雌雄相似。头部浑圆，颈短，虹膜褐色，颊部具深色条纹，喙灰色，蜡膜黄色；上体深黄褐色，翅下初级飞羽基部有白色斑，飞羽外缘和翼角黑色；下体具深色和白色相间的纵纹，上胸具深色带；尾部较长且宽，飞翔时常呈扇形；跗跖裸露不被羽。

生活习性： 栖息于山地森林和山脚平原与草原地区，冬季常至旷野、农田、荒地、村庄等地活动。北京迁徙季大量过境西部山区，冬季常见于郊区开阔地附近稀疏的林地，以及农田、草地和低山地区上空，为旅鸟和冬候鸟。常单独或成对活动，迁徙时集群，主要在白天活动和觅食，休息时常站在开阔地的高处，觅食时可在空中悬停，主食啮齿类动物，有时亦捕食昆虫、蛙类、蜥蜴、蛇类、鸟类和小型哺乳动物。营巢于林缘附近树顶或峭壁悬崖上。

翠湖湿地 春季、秋季迁徙可见。观测于2~5月、9~11月。空中过境。

126 大鵟

国 II | LC

Buteo hemilasius | Upland Buzzard

形态特征：体长 57~67cm，中型猛禽。雌雄相似。头部较小，虹膜黄色或偏白色，喙蓝灰色，蜡膜黄绿色；上体褐色，两翼宽大，翼下覆羽棕色，次级飞羽具清晰的深色条带；下体浅褐色，胸部发白，下腹部及两肋褐色；尾较短，尾羽暗褐色，具细横斑；跗跖覆羽棕褐色。

生活习性：栖息于山地森林和山脚平原与草原地区，亦见于高山林缘和开阔的山地草原与荒漠地带，冬季常至旷野、农田、荒地、村庄等地活动。北京区域性常见于开阔平原、低山丘陵和农田荒地，为冬候鸟和旅鸟。常单独或成对活动，主要在白天活动和觅食，飞翔时两翼鼓动较慢，喜在天气暖和的时候在空中作圈状翱翔，大风寒冷时亦可顽强起飞正常活动，休息时常站在树上、草垛、电线杆上，以食啮齿类动物和雉类为主，亦吃蛙类和较大型昆虫。营巢于高原山区悬崖峭壁顶上或乔木上。

翠湖湿地 偶见冬候鸟。观测于 2 月。空中过境。

127 毛脚鵟

国 II | LC

Buteo lagopus | Rough-legged Buzzard

形态特征：体长 45~62cm，中型猛禽。雄鸟头颈部淡灰白色，虹膜黄褐色，喙深灰色，蜡膜黄色；上体多为褐色，翼下白色，黑色腕斑大而明显，靠近翅端具明显深色条带；胸部白色，腹部黑色；尾羽白色，末端具宽阔的黑色条带；跗跖黄色并被羽。雌鸟喉深色；腹部色浅；尾羽末端具两条黑色条带。

生活习性：繁殖于欧亚大陆北部的苔原地带，冬季常栖息于开阔平原、低山丘陵，农田、荒地等环境。北京不常见于低山丘陵、林缘地带、荒地、农田，为冬候鸟和旅鸟。常单独活动，主要在白天活动和觅食，休息时常站在树上、草垛、电线杆上，觅食时常在空中盘旋或悬停，捕食小型啮齿类，偶尔捕食野兔以及石鸡等鸟类。营巢于苔原河流或森林河流两岸悬崖峭壁上，呈盘状。

翠湖湿地 罕见记录。空中过境。

序号 128 ~ 132

鸮形目

STRIGIFORMES

行为独特的夜行性猛禽，俗称猫头鹰。雌雄同色，体羽多以褐色、灰色和棕色为主，体态圆胖且健壮，栖息时常直立；大多具面盘，部分种类具耳羽簇，双眼向前圆且大。多单独或成对栖息于热带至温带的森林，也见于荒漠、草原等开阔生境。绝大多数为夜行性，主要靠视觉和听觉捕食，飞行时无声。主要以鼠类、鸟类和其他小型动物为食。少数种类具迁徙习性。

翠湖国家城市湿地公园观测到 1 科 5 种。

128 红角鸮

国 II | LC

Otus sunia | Oriental Scops Owl

形态特征： 体长 16~22cm，小型猛禽。雌雄相似。有灰色型和棕色型之分。常见的棕色型红角鸮，全身棕褐色，面盘灰褐色，周围棕褐色，眼黄色，虹膜橙黄色，具明显的耳羽簇，喙角质灰色；上体灰褐色或棕褐色，肩羽具棕白色斑点形成的纵线，飞羽大部为黑褐色；下体具显著的黑褐色羽干纹，脚偏灰色；跗跖被羽。

生活习性： 栖息于山地和平原地区的阔叶林、混交林，有时亦见于林缘和居民点附近的树林内，或出现于城市公园地带。北京多见为夏候鸟和旅鸟。夜行性，白天多躲藏于林间，夜间开始活动，以昆虫、小型鼠类、两栖爬行类等动物为食。营巢于天然树洞中或利用啄木鸟废弃的旧树洞，偶尔会在岩石缝隙、人工巢箱营巢，少数个体会利用鸦科鸟类旧巢。

翠湖湿地 夏候鸟。观测于 4~10 月。栖息于林中。

129 雕鸮

国 II | LC

Bubo bubo | Northern Eagle Owl

形态特征：体长 59~73cm，大型猛禽。雌雄相似。通体黄褐色，具粗重的黑褐色羽干纹。有显著耳羽，长达 6~10cm，面盘显著，淡棕黄色，眼大而圆，虹膜橙黄色或金黄色，喙黑色，头顶有深色纵纹，后颈棕色；下体黄色，胸部至腹部纵纹逐渐转弱，致密的细横纹变得明显；跗跖黄色并被羽。

生活习性：栖息于山地森林、平原、荒野、林缘灌丛、疏林以及裸露的高山和峭壁等各类生境中。北京见为不常见留鸟。除繁殖期外，通常单独活动，夜行性，通常在远离人群的偏僻之地，白天常在树上、崖壁、枯草丛中休息，听力发达，有人靠近时立即睁眼观测，若过于接近，会转动身体立即飞走，飞行迅速，振翅幅度大，捕食能力强悍，主要以鼠类为食，也食野兔等小型兽类、鸟类甚至其他猛禽。营巢于树洞、悬崖峭壁下的凹处或直接产卵于地上。

翠湖湿地 偶见。观测于 3 月、10 月。栖息于林中。

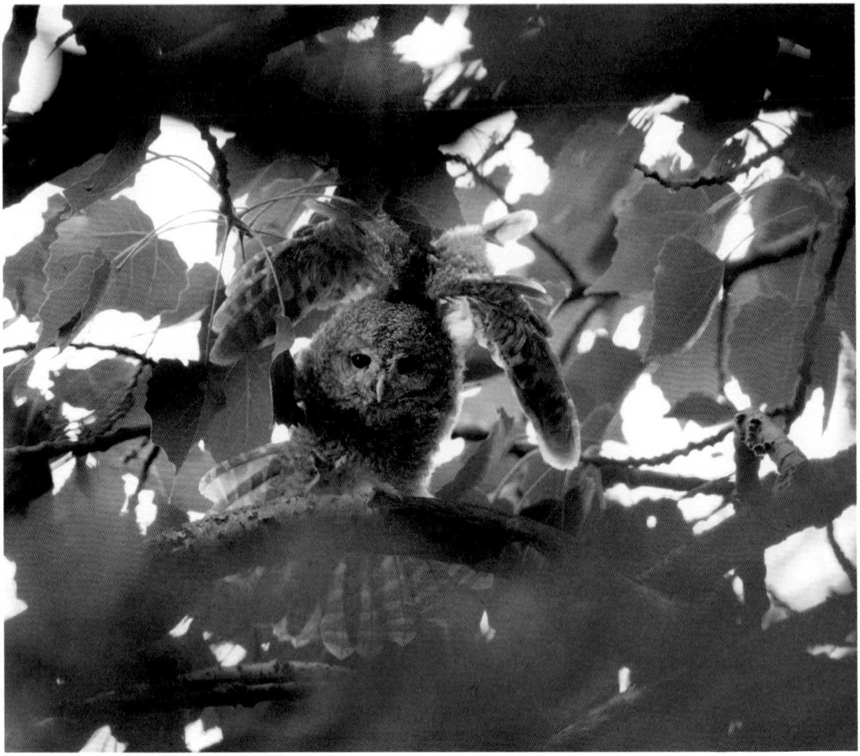

130 灰林鸮

国 II | LC | *Strix nivicolum* | Himalayan Owl

形态特征：体长 37~40cm，中型猛禽。雌雄相似。有灰色和棕色两种色型。无耳羽簇，两眼间有“X”形图案，面盘明显，面盘为灰色或棕红色，虹膜深褐色，喙淡黄色；上体暗灰褐色或棕红色，具近黑色纵纹；下体皮黄色具深色交错斑纹，跗趾黄褐色。

生活习性：栖息于中高海拔林地。北京见于西、北部山地阔叶林和混交林中，为不常见留鸟。多单独活动，喜鸣叫，夜行性，白天通常在隐蔽的地方休息，晚上外出捕食，主要以啮齿类为食，也捕食小鸟、蛙和昆虫。主要营巢于树洞中，有时也在岩石下面的地上营巢或利用鸦类巢。

翠湖湿地 夏候鸟。观测于 8 月。栖息于林中。

纵纹腹小鸮 Athene noctua Little Owl

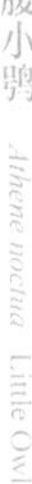

131 纵纹腹小鸮

国II | LC

Athene noctua | Little Owl

形态特征: 体长20~26cm，小型猛禽。雌雄相似。无耳羽簇，面盘不甚明显，有顶平，上有细小白色斑点隐约排列呈细纵纹，眼大且眼间距显大，具粗壮的白色眉纹，两眼周边为灰白色，虹膜亮黄色，喙黄绿色；上体褐色并具白色纵纹和点斑；下体棕白色，胸腹部具显著褐色纵纹，下腹部至臀部白色；跗趾被羽白色，脚灰色。

生活习性: 喜栖息于农田、荒漠或村落附近，亦在低山丘陵、平原森林、林缘灌丛等地带活动。北京多见于低山、林缘，也到村庄附近及农田乃至居民区活动，为区域性常见留鸟。除繁殖期外，通常单独活动，偏好晨昏活动，夜间亦较活跃，早晚常站立于房顶、电线上，飞行迅速，振翅快速作波状起伏飞行，发现猎物后快速追逐，主要以鼠类、昆虫等为食。巢置于树洞、建筑物屋檐孔洞等处，有时也在自己挖掘的洞穴中营巢。

翠湖湿地 全年可见。观测于7月。栖息于林地、草地。

132 短耳鸮

国 II | LC

Asio flammeus | Short-eared Owl

形态特征： 体长 35~40cm，中型猛禽。雌雄相似。耳羽簇短小于野外不易见到，面盘明显，眼圈黑色，虹膜亮黄色，喙黑色；上体黄褐色并布满黑色和黄色纵纹，翼长，飞行时翼下初级飞羽可见两道黑色横纹；下体棕黄色并具深褐色纵纹；跗跖被棕色羽。

生活习性： 常栖息于平原、草地、荒漠、沼泽、低山丘陵等各种生境中，尤好在开阔的平原草地、湖边草丛环境栖息。北京冬季不常见于水边开阔荒地、农田中，为旅鸟和冬候鸟。越冬期有时集小群，多在黄昏和晚上活动和猎食，但也在白天活动，平时多栖息于干草丛中，很少栖于树上，飞行较为缓慢，多贴于地面，常在一阵鼓翼飞翔后又伴随着一阵滑翔，还会做“悬停”飞行，主要以鼠类和鸟类为食，也吃小型两栖爬动物或大型昆虫，偶尔吃植物果实和种子。通常营巢于沼泽附近地上草丛中。

翠湖湿地 不常见冬候鸟。观测于 2 月。栖息于林地、草地。

序号 133

犀鸟目
BUCEROTIFORMES

大中型攀禽。雌雄大多同色，体羽以黑色、白色、棕色为主。喙长而弯，具发达的羽冠或盔突。脚强健，尾长。多活动于郁密的森林或开阔平原，营洞巢。犀鸟行为独特，繁殖期雌鸟会被封于洞中孵卵和育雏，雄鸟在洞外递送食物。多以植物果实特别是榕果为食，也吃植物嫩芽、两栖爬行类、小型鸟类和哺乳动物，少数食昆虫。大多数为留鸟，少数具迁徙习性。

翠湖国家城市湿地公园观测到 1 科 1 种。

133 戴胜

市 LC *Upupa epops* | Eurasian Hoopoe

形态特征： 体长 25~31cm，中型攀禽。雌雄相似。头、颈胸为黄褐色，额至枕部具长而耸立的扇形冠羽，冠羽棕色，羽端黑色，喙黑色，细长且下弯，喙基部淡黄色；下背黑色，腰白色，两翼具黑白相间的条纹；下体棕色；尾黑色，尾上覆羽基部白色，中央尾羽之半有一道宽阔的白色横斑；跗跖黑色。

生活习性： 栖息于城市、平原、山地的林缘中，觅食于开阔的短草地、农田及荒野。北京为常见留鸟、夏候鸟、旅鸟。单独或集小群活动，常在地面行走觅食，以地表或土层以下昆虫为食，用喙插入土中捕食蠕虫，捉到后会抛起吞下，受到惊扰时会向前飞行一段距离后停下，或者飞到附近树上，兴奋或受惊时会展开羽冠，呈波浪形飞行，速度较慢。常营巢于树洞中。

翠湖湿地 全年可见。栖息于林下、草地。

序号 134～138

佛法僧目

CORACIIFORMES

体色艳丽的树栖性中小型攀禽。喙长且有力，头大而颈短，两翼多宽长。雌雄大多同色，或略有区别，体羽常具结构色。脚短，并趾型。尾多为平尾或圆尾，有的中央尾羽延长，极具特色。多栖息于河流、湖泊、森林、原野等生境，营巢于洞中。主要以鱼虾、两栖爬行类、昆虫和植物果实与种子为食。极少数不具迁徙习性。

翠湖国家城市湿地公园观测到 2 科 5 种。

134 三宝鸟

市 | LC | *Eurystomus orientalis* | Oriental Dollarbird

形态特征：体长 26~32cm，中型攀禽。雌雄相似。色彩绚丽，通体暗蓝色；头黑色且大而扁平，喙短而宽，呈珊瑚红色；颈、颏黑色，喉部蓝色；翼蓝黑色，翼上有一道显著的天蓝色翼斑；尾蓝黑色；跗跖橙色或红色。

生活习性：栖息于山地或平原林中，也喜欢在林区边缘空旷处或林区里的开垦地上活动。在北京为不常见夏候鸟和旅鸟。单独或成对活动，常停栖在树干或电线等高处，捕食飞行昆虫，飞行姿势似夜鹰，怪异、笨重，盘旋并拍打双翼。常营巢于树洞中。

翠湖湿地 偶见夏候鸟。观测于 5~9 月。栖息于林地、草地。

135 蓝翡翠

市 | VU

Halcyon pileata | Black-capped Kingfisher

形态特征： 体长26~31cm，中型攀禽。雌雄相似。额、头顶、头侧和枕部黑色，虹膜暗褐色，喙粗长壮硕，呈珊瑚红色，颏、颊白色，后颈白色，从两侧向前延伸与喉相连，形成宽阔的白色领环；背、腰蓝紫色，初级飞羽黑褐色，北侧基部有大块白斑；胸白色，两胁、臀部栗黄色；尾羽蓝紫色；跗跖红色。

生活习性： 栖息于平原和低山的河流与水库等湿地。北京为不常见夏候鸟。喜河流两岸、河口及红树林，常站在水边的电线或树枝上注视水面，伺机捕食昆虫、小鱼和虾等小型水生动物。营巢于水域边土洞。

翠湖湿地 不常见夏候鸟。观测于6~8月。栖息于岸边、岛屿。

136 普通翠鸟

市 LC *Alcedo atthis* | Common Kingfisher

形态特征：体长15~17cm，小型攀禽。雄鸟额至后颈暗蓝色，具翠蓝色细斑，喉白色，侧颈具大块白斑，贯眼纹和耳羽栗棕色；背部暗蓝色，中间有翠蓝色纵纹，两翼暗蓝色，具翠蓝色小斑；胸、腹、臀部橘黄色；尾暗蓝色，尾上覆羽翠蓝色；跗跖红色。雌鸟似雄鸟，但下喙基部橙红色。

生活习性：栖息于较开阔的湖泊、河流、池塘等湿地环境。北京为常见夏候鸟和留鸟。常单独停栖在灌木、秃枝和露在水面的石块上，主要以鱼、虾、水生昆虫为食，常从水边树枝或岩石上快速俯冲到水里捕食。筑巢于陡直的河岸土洞中。

翠湖湿地 全年可见。栖息于岸边、岛屿。

137 冠鱼狗

LC *Megaceryle lugubris* | Crested Kingfisher

形态特征：体长 37~42cm，中型攀禽。雄鸟头顶具显著的蓬松羽冠，呈黑色并具白色斑点，喙长、直且粗壮，呈黑色，颊部至颈侧有大块白斑；背部、两翼黑色具白色斑点，翼下覆羽白色；胸部具黑白斑的横带，腹部白色；尾羽黑色具白色斑点；跗跖铅灰色。雌鸟似雄鸟，但翼下覆羽为棕黄色。

生活习性：栖息于山地及平原的河流与小溪。尤喜流速快、多砾石的清澈河流。北京为不常见留鸟。常独栖在近水边的树枝顶上、电线杆顶或岩石上，飞行缓慢有力，极少悬停，主要以鱼虾为食。于河湖岸边、田坎等处挖洞为巢。

翠湖湿地 全年可见（不常见）。栖息于岸边、岛屿。

斑鱼狗 Ceryle rudis Pied Kingfisher

138 斑鱼狗

LC *Ceryle rudis* | Pied Kingfisher

形态特征：体长 21~31cm，中型攀禽。似冠鱼狗，通体呈杂状黑白斑。雄鸟头顶冠羽较短，眉纹白色，具黑色贯眼纹，虹膜褐色，喙黑色；背部、两翼黑色并具白点，翼上有较宽白色翅带，飞翔时极明显；下体白色，胸前两条黑色宽阔胸带；尾白色具宽阔黑色次端斑；跗跖黑色。雌鸟似雄鸟，但胸前仅一条胸带。

生活习性：栖息于平原和低山的溪流、湖泊等。罕见于北京，居留型可能为留鸟。常成对或集群活动于较大水面及红树林，在距水面几米至十几米的低空飞翔觅食，时而贴近水面，时而升起，来回振翅飞翔，主要以鱼虾为食，亦吃甲壳类和多种水生昆虫及其幼虫，也啄食小型蛙类和少量水生植物，叫声为尖厉的哨声。营巢于岸边土洞中。

翠湖湿地 罕见记录。观测于 6 月。栖息于岸边、岛屿。

序号 139 ~ 143

啄木鸟目
PICIFORMES

林栖性中小型攀禽，最大的攀禽类群。喙大多呈锥状，坚实有力。雌雄多为同色或羽色差异较小。两翼多短圆；脚短而强健，对趾型，善攀爬；尾较长，多为楔尾或平尾，有的类群尾羽坚硬可支撑身体。主要栖息于温带至热带森林，营巢于树洞，多数种类为初级洞巢鸟。主要以昆虫、植物种子和果实为食，响蜜䴕科则喜吃蜂蜜和蜂蜡且具寄生习性。少数种类具迁徙习性。

翠湖国家城市湿地公园观测到 1 科 5 种。

139	蚁䴕
市 | LC	*Jynx torquilla* | Wryneck

形态特征： 体长16~19cm，小型攀禽。雌雄相似。体羽斑驳杂乱；虹膜淡褐色，暗褐色贯眼纹清晰，喙相对较短并呈圆锥形，喉部具明显横纹，后颈、背部中央贯以黑色粗纹；上体遍布灰褐色斑，似树皮色，两翼暗褐色，具白和褐色斑点；腹部较淡，黑斑稀疏；尾部较长，有银灰色与褐色不规则斑点，并有数条黑褐色横斑。

生活习性： 常栖息于低山丘陵、平原开阔的疏林地带，尤好在阔叶林和针阔混交林中活动，有时亦在林缘灌丛、河谷、果园、城市公园等地活动。北京为不常见旅鸟。除繁殖期成对活动外，常单独活动，蚁 不同于其他啄木鸟，停栖于树上而不攀缘，亦不凿击树干觅食，取食地面蚂蚁，受惊扰时常做出头部往两侧扭动。常营巢于树洞中，但并不自行凿洞。

翠湖湿地 春季、秋季迁徙可见。观测于4~5月、8~9月。见于林地。

140 灰头绿啄木鸟

市 LC

Picus canus | Grey-faced Woodpecker

形态特征：体长 26~31cm，中型攀禽。雄鸟额、头顶前部鲜红色，眼先黑色，其余头、颈灰色，后颈、枕部有黑纹，喉部灰色；背、腰、两翼覆羽灰绿色，飞羽具白色斑点；尾黑色，尾上覆羽灰绿色。雌鸟似雄鸟，但顶冠灰色无红斑，喙相对较短而钝。

生活习性：栖息于中低山森林和林缘地带，农田村庄附近树林，以及城市绿地和园林。北京为常见留鸟。常单独或成对活动，飞行迅速，呈波浪式前进，在树干中下部活动，螺旋向上攀行至树枝分杈处后再飞到另一棵树的基部，在树干中下部取食，也常在地面取食蚂蚁等昆虫，偶尔也吃植物果实和种子。巢洞多选择在混交林、阔叶林。

翠湖湿地 全年可见。栖息于林地、草地。

141 棕腹啄木鸟

市 LC *Dendrocopos hyperythrus* | Rufous-bellied Woodpecker

形态特征： 体长19~23cm，中型攀禽。雄鸟顶冠和枕部红色，耳羽、颏、喉棕黄色，眼先至眼周白色；背部、两翼黑色并具成排白色；下体赤褐色，臀部红色；中央尾羽纯黑色，两侧尾羽黑色，具白色横斑，端白色，尾下覆羽红色。雌鸟似雄鸟，但顶冠黑色并具白点。

生活习性： 栖息于山地针叶林或混交林，不同亚种的分布海拔差异较大，喜马拉雅山脉及横断山脉地区可至海拔2500m以上。北京为区域性常见旅鸟。常单独活动，多在树的中下层活动，沿树干攀行觅食，少见于树冠层，主要食蚂蚁等昆虫，亦取食树汁。营巢于腐朽或半腐朽的树干洞里。

翠湖湿地 秋季迁徙偶见。观测于9月。栖息于林地。

142 星头啄木鸟

市 | LC | *Picoides canicapillus* | Grey-capped Woodpecker

形态特征： 体长 14~17cm，小型攀禽。雄鸟额和头顶灰色，眼后上方各具小型红色斑点，虹膜淡褐色；上体基本黑色杂以白斑；下体棕黄色并具黑色条纹，胸部纵纹更为明显。雌鸟似雄鸟，但下体黑色纵纹不明显，眼后上方不具小型红色斑点。

生活习性： 栖息于平原和山地环境的阔叶林、针叶林、针阔混交林、竹林、次生林、城市公园、果园等环境，有时亦在人工林及村落附近活动。北京为常见留鸟。常单独或成对活动，幼鸟刚出巢时会以家庭为单位活动，飞行迅速，呈明显的波浪形前进，喜在乔木的中上部活动，喜在树枝上攀爬觅食，叫声单调，一连数声。营巢于近腐朽的树干上，巢位较高。

翠湖湿地 全年可见。栖息于林地。

143 大斑啄木鸟

市 | LC

Dendrocopos major | Great Spotted Woodpecker

形态特征：体长 20~25cm，中型攀禽。雄鸟头顶、后颈黑色，枕部具狭窄红色带，眉纹呈纯白色，颈侧具“X”形黑色条纹；肩具白斑，背部、两翼黑色，翼上白斑较窄；下体从颊至腹部淡棕褐色，臀部红色；尾黑色。雌鸟与雄鸟相似，枕部不具狭窄红色带。

生活习性：栖息于平原、丘陵和山地的阔叶林及城市园林等。北京为常见留鸟。飞行时呈波浪状，速度较慢而上下起伏，善于取食昆虫和树皮下面的幼虫，也食植物种子。多营巢于阔叶树树洞中，距地面 8~10m。

翠湖湿地 全年可见。栖息于林地、草地。

序号 144 ~ 149

隼形目
FALCONIFORMES

中小型日行性猛禽。喙短而强壮带钩，上喙具单齿突，蜡膜明显。身体呈锥状，两翼尖长，尾较长，为圆尾或楔尾。栖息于林缘和开阔生境，飞行迅速有力，多在空中和地面捕食猎物，以昆虫、鸟类和啮齿类动物为食。营巢于岩缝、树洞，也常利用其他鸟类特别是鸦科的旧巢。部分种类具有迁徙习性。

翠湖国家城市湿地公园观测到 1 科 6 种。

144 红隼

国 II | LC

Falco tinnunculus | Common Kestrel

形态特征： 体长 31~38cm，褐色隼。雄鸟头顶和枕部灰色，背部砖红色略具黑色点斑，下体淡棕黄而具黑色细纵纹及点斑，尾蓝灰无横斑。雌鸟体型略大，头部同背色，上体偏红褐色密布深色横斑，尾具黑色次端斑和多道较窄的深色横斑。

生活习性： 常栖息于农田、村落附近、山地森林、林缘、草原、旷野等地带。北京常见于山地、平原各种生境及城市。北京种群包括夏候鸟、冬候鸟和旅鸟多种居留型。常单独活动，飞行迅速而敏捷，可在空中快速振翅悬停观测地面情况，发现地面食物时快速俯冲捕捉，也可在空中捕捉小型鸟类和蜻蜓等。在乔木、岩壁洞中以及城市高大建筑物上筑巢，常喜抢占乌鸦、喜鹊巢，或利用它们的旧巢。

翠湖湿地 全年可见。栖息于林地、草地。

145 红脚隼

国 II | LC

Falco amurensis | Eastern Red-footed Falcon

形态特征： 体长 25~30cm，小型猛禽。雄鸟头深灰色，具橘红色眼圈，喙为橘红色仅尖端深色，喙基具橘红色蜡膜；上体深灰色，飞羽黑色，翼下覆羽近白色，无明显翼指；下体浅灰色，腹部橘红色；尾下覆羽橘红色；跗蹠橘红色。雌鸟头顶黑灰色，额、喉部白色；上体黑灰色具鳞状横纹，翼下覆羽白色并具黑色斑点和横斑；下体白色，胸部具明显的黑色纵纹，腹部具黑色横斑；脚黄色。

生活习性： 常栖息于平原、低山疏林、丘陵、林缘地带、荒野、农田等环境，迁徙时亦见于城市中。北京见于低山和平原的各种开阔生境。为常见旅鸟和夏候鸟。常结为几十只的大群在一个区域同时捕捉昆虫，有时也与其他隼类混群，休息时多站立于树上或电线杆上，飞行速度较快，飞翔时两翅快速扇动，间或进行一阵滑翔，可在空中追逐昆虫取食，主要以昆虫为食，有时也捕食小型鸟类、小型脊椎动物。常营巢于疏林中高大乔木树的顶枝上，也占喜鹊巢。

翠湖湿地 夏候鸟。观测于 4~10 月。栖息于林地、开阔水域、草地。

146 灰背隼

国 II LC

Falco columbarius | Merlin

形态特征：体长 27~32cm，小型猛禽。雄鸟头顶青灰色，略具黑色纵纹，枕部棕色，眉纹和喉部白色；上体青灰色，飞羽黑色，飞行时可见翅下飞羽、覆羽密布深褐色斑点，翼端部不尖锐，翼指显得比其他隼明显；下体黄褐色具黑色纵纹；尾部淡蓝色并具黑色次端斑，尾端白色；跗跖黄色。雌鸟整体偏黄褐色；下体白色具粗壮的棕色斑点；尾羽淡褐色，具数道深褐色横斑及黑褐色次端斑。

生活习性：常栖息于开阔平原、荒野、农田等环境，有时亦至低山丘陵、苔原地带活动。北京见于平原旷野、荒漠草原灌丛地带等开阔地，为不常见冬候鸟、旅鸟。常单独活动，通常利用喜鹊、乌鸦或其他鸟类营建于树上、崖壁或地面的旧巢，休息时多站立于树上、土堆或牛粪上，飞行敏捷而灵活，喜贴地低空飞行，发现猎物后快速追逐，常在空中飞行捕食小型鸟类，也食昆虫、啮齿类、蜥蜴、蛙类等。用鸦、鹊的旧巢或至草原地面上营巢。

翠湖湿地 秋季迁徙偶见。观测于10月。空中过境。

147 燕隼

国II | LC *Falco subbuteo* | Hobby

形态特征： 体长29~35cm，小型猛禽。雌雄相似。头顶黑色，于眼下和耳部伸出两道较粗重的黑色髭纹，嘴、眼圈黄色；上体深灰色，两翼狭长，停落状态下翅尖略过尾端，无明显翼指；下体白色，胸、腹部具深褐色纵纹，臀部覆羽红色；尾很长，尾下覆羽红色；跗跖黄色。

生活习性： 常栖息于开阔平原、荒野、农田等环境，有时亦至低山丘陵、苔原地带活动。北京为区域性常见旅鸟、夏候鸟，栖息于山地森林及较低海拔的开阔区域。常单独或成对活动，飞行快速、敏捷、灵活，能捕捉飞行速度极快的家燕和雨燕，也常捕食其他雀形目小鸟、蝙蝠、蜻蜓及其他大型昆虫。通常自己很少营巢，而是侵占乌鸦和喜鹊的巢。

翠湖湿地 旅鸟、偶见夏候鸟。观测于5~9月。栖息于林地、草地。

148 游隼

国II | LC

Falco peregrinus | Peregrine Falcon

形态特征：体长 41~50cm，中型猛禽。雌雄相似。顶冠和脸颊黑色，有粗重而显著的黑色髭纹，眼圈黄色；上体深青黑色，翼下覆羽白色具黑色横纹，无明显翼指；下体白色，胸部、腹部、腿部具黑色横斑；尾下覆羽白色具黑色横斑；跗跖黄色。

生活习性：栖息于山地、丘陵、草原、沼泽地、湖泊、海岸、农田等各类环境，有些个体亦可在城市中栖息、繁殖。北京迁徙季见于西部山区，为不常见旅鸟，亦有少量繁殖记录于城区附近及山区。常单独或成对活动，站立于崖壁顶端、树上休息和观测周边情况，性情凶猛，多捕食于空中，飞行迅猛且空中动作不断变换，发现猎物时首先快速上升，占领制高点，锁定猎物，然后将双翅收拢，向猎物猛扑下来，接近时常用脚击打猎物，使其失去飞行能力，再抓住带走慢慢取食，主要以野鸭、鸠鸽、鸥类、鸦科鸟类、中小型雀类等为食，偶尔也捕食鼠类和野兔等小型哺乳动物。繁殖期营巢于高山悬崖峭壁顶端或直接置于地面隐藏处。

翠湖湿地 全年可见（不常见），春季、秋季有迁徙种群。栖息于林地、草地。

149 猎隼

国I EN *Falco cherrug* | Saker Falcon

形态特征： 体长 41~50cm，中型猛禽。雌雄相似。猎隼根据个体不同颜色深浅差异较大。常见顶冠浅褐色，眉纹白色，枕部偏白色，眼下具黑色髭纹，嘴黄色尖端黑色；上体多灰褐色，翼下覆羽白色具黑色细纹，翼尖黑色，无明显翼指；下体偏白色，胸、腹部具清晰的黑色点状斑；尾部具狭窄白色羽端；跗跖黄色。

生活习性： 常栖息于开阔的山脚平原、荒野、农田等生境，尤喜在少树而多石的山丘、旷野地带活动。北京为不常见旅鸟、冬候鸟。常单独活动，休息时多站立于土堆、树上，飞行速度快而有力，发现猎物后快速追击，可在地面和空中捕食，狩猎能力强，性凶悍，会主动驱赶其他接近领地的猛禽，如金雕等，以鸟类、啮齿类和兽类为食，有能力猎杀中等偏大体形的鸟类，包括涉禽、游禽、陆禽。大多在悬崖峭壁上的缝隙中营巢，或者营巢于树上，有时也利用其他鸟类的旧巢。

翠湖湿地 春季、秋季迁徙偶见。观测于 3~5 月、9~10 月。空中过境。

序号 150 ~ 278

雀形目
PASSERIFORMES

种类繁多，分布广泛。常态足（离趾足），鸣肌发达，善于鸣叫，巧于营巢。雄鸟大于雌鸟，羽色也较艳丽，雏鸟晚成。

翠湖国家城市湿地公园观测到 33 科 129 种。

150 黑枕黄鹂

市 | LC

Oriolus chinensis | Black-naped Oriole

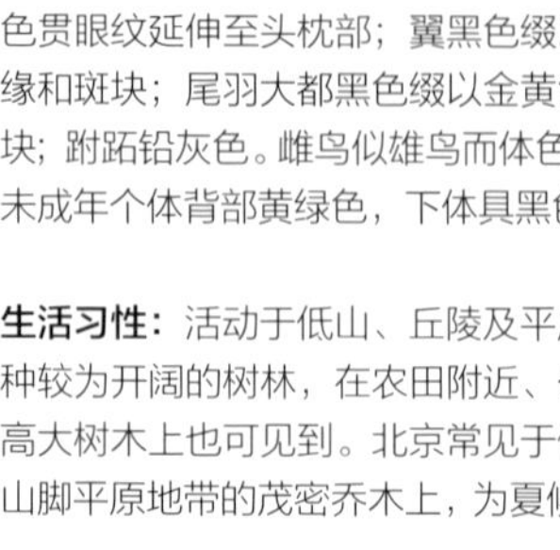

形态特征：体长 23~28cm，中型鸣禽。雄鸟羽色金黄，喙粉红色，虹膜褐红色，宽阔的黑色贯眼纹延伸至头枕部；翼黑色缀以金黄色羽缘和斑块；尾羽大都黑色缀以金黄色羽缘和斑块；跗跖铅灰色。雌鸟似雄鸟而体色偏黄绿色；未成年个体背部黄绿色，下体具黑色纵纹。

生活习性：活动于低山、丘陵及平原地带的各种较为开阔的树林，在农田附近、公园等地的高大树木上也可见到。北京常见于低山丘陵和山脚平原地带的茂密乔木上，为夏候鸟、旅鸟。常单独或成对活动，有时也见3~5只的松散小群。主要在高大乔木的树冠层活动，很少下到地面。捕食大量昆虫，亦食浆果。营巢于树上。

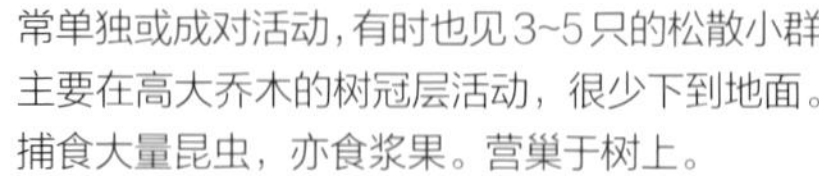

翠湖湿地 夏候鸟。观测于 3~10 月。栖息于林中。

151	长尾山椒鸟
市 LC	*Pericrocotus ethologus* | Long-tailed Minivet

形态特征： 体长17~20cm，中型鸣禽。雄鸟头顶，颊和喉黑色；背部和两翼黑色，具显著的红色翼斑，翅斑形状倒“U”形；腰、腹部均为猩红色；尾上覆羽为猩红色；跗跖黑褐色。雌鸟前额黄色，头灰黄色，耳羽、颈侧灰白色，喉黄白色；背灰黄色，腰黄色，两翼黑色，具黄色翼斑；胸、腹黄色；外侧尾羽黄色。

生活习性： 栖息于中海拔与低海拔山区，适应多种植被环境，包括阔叶林、针叶林、针阔混交林等。北京区域性常见于海拔1000m以上的山地森林中，为夏候鸟。常集小群活动，叫声尖锐单调，边飞边鸣；觅食于树上，很少下到地上或低矮的灌丛中，主要以昆虫为食；通常营巢于林间树上，呈杯状。

翠湖湿地 春季、秋迁徙季可见（不常见）。观测于4~5月、10月。栖息于林地。

152 灰山椒鸟

LC | *Pericrocotus divaricatus* | Ashy Minivet

形态特征：体长 18~21cm，中型鸣禽。雄鸟前额至头顶前部白色，枕部及贯眼纹黑色；上体灰色，飞羽灰色，近基部具白斑，形成斜行翼斑；下体浅灰色，显得干净；尾羽较长，呈黑色，外侧尾羽白色；跗跖黑色。雌鸟似雄鸟但头为灰色。

生活习性：活动于低海拔林地，适应常绿落叶林、次生林等多种林地，迁徙季节见于各种生境。北京见于低山丘陵至平原地带，偶至城市公园，为不常见旅鸟。常成群在林冠层上空飞翔，边飞边叫，鸣声清脆，带有金属质感；主要以鞘翅目、鳞翅目等昆虫为食；营巢于落叶阔叶林和红松阔叶混交林中，巢多置于高大树木侧枝上，呈碗状。

翠湖湿地 秋季迁徙偶见。观测于 9 月。空中过境。

153 黑卷尾

市 | LC | *Dicrurus macrocercus* | Black Drongo

形态特征：体长 24~30cm，中型鸣禽。雌雄相似，通体蓝黑色并具金属光泽。虹膜暗红色，喙较小黑色，嘴裂具白点；尾较长，明显呈叉形，在风中常以奇特角度上举，尾下覆羽隐约可见浅色的斑纹；跗跖黑色。幼鸟下体下方具偏白色横纹。

生活习性：栖息于平原或低海拔开阔的农田、林缘地带。北京见于低山林地、郊区村庄附近，为常见夏候鸟。常站立于枝头或电线上，起飞捕食昆虫，可以在空中滑翔。性情凶猛、会攻击猛禽；食物以昆虫为主；巢置于榆、柳等树上，呈碗状。

翠湖湿地 夏候鸟。观测于 5~9 月。栖息于林地、草地。

154 牛头伯劳

LC *Lanius bucephalus* | Bull-headed Shrike

形态特征：体长 19~20cm，中型鸣禽。雄鸟头顶到枕部棕色，贯眼纹黑色，眉纹白色，喙深灰色而端黑，呈钩状；上体灰色，两翼大致为黑色，羽缘棕色，初级飞羽基部白色，形成小块白色翼斑；下体余部白色，胸、胁部棕色；尾羽黑色；跗跖黑褐色。雌鸟似雄鸟，但耳羽棕色，顶冠褐色；背部灰色；下体具深色鳞状斑；尾端白色。

生活习性：繁殖期多选山地阔叶林，可至海拔 1800m；越冬时多活动于低海拔的山地林缘、郊野、乡村，适应次生植被及农田环境。北京不常见于低山、丘陵和平原地带的疏林和林缘灌丛，为夏候鸟、旅鸟。性活跃，常在林缘或路边灌丛中跳上跳下，有时站在小树或灌木枝头鸣叫，鸣声粗粝洪亮；肉食性，以无脊椎动物为食，也吃植物种子；巢常建于疏林或灌丛，呈杯状。

翠湖湿地 夏季偶见。观测于 7 月。栖息于林地、灌丛。

155 红尾伯劳

市 | LC | *Lanius cristatus* | Brown Shrike

形态特征： 体长17~20cm，中型鸣禽。成鸟额部灰色，顶冠浅红褐色或棕灰色，虹膜暗褐色，雄鸟具显著的白色眉纹和宽阔的黑色贯眼纹，喙黑色，钩状；上体浅红褐色或棕灰色，背肩部灰褐色；腹面棕白色；尾羽棕褐色；跗跖灰色。雌鸟似雄鸟，但上体羽色较暗淡，且胸至两肋具深色横斑。幼鸟似成鸟，但背部和体侧具深褐色波浪状细纹。

生活习性： 活动于林缘的开阔地带，喜灌丛、矮树多的环境。北京见于山区和平原的林地和灌丛，为常见夏候鸟、旅鸟。单独或成对活动，性活泼，常在枝头跳跃或飞上飞下，领域性较强，会驱逐进入领地的同类，常在栖下观测四周，伺机猎食，停栖时尾羽有画圈动作；巢多置于幼树和灌木上，呈杯状。

翠湖湿地 夏候鸟。观测于5~9月。栖息于林地、灌丛。

156 棕背伯劳

LC *Lanius schach* | Long-tailed Shrike

形态特征：体长20~25cm，中型鸣禽。雌雄相似。前额黑色，具黑色贯眼纹，头顶至后颈灰色，虹膜暗褐色，喙粗壮，呈黑色，先端具显著的利钩和齿突，颏、喉白色；下背、肩、腰为棕色；腹中部白色，其余下体淡棕色或棕白色，两胁棕红色或浅棕色；尾上覆羽棕色，尾下覆羽棕红色或浅棕色，尾羽黑色；跗跖黑色。幼鸟头部和枕部偏灰色；两胁和背部具横斑；体色较暗。

生活习性：活动于平原丘陵地带，适应农田、荒地、林地、苗圃等多种生境，常至村庄附近活动；北京罕见于平原农田、湿地附近的灌丛，居留型尚不明确。近年（2015年后）来在京记录频率有所增加，各月皆有记录，但仍无确切的繁殖记载；常单独活动，领域性较强，会驱逐进入领地的同类；常站在开阔地的高枝、电线等高处观测四周，伺机猎食，停栖时尾羽有画圈动作；肉食性，性情凶猛，不仅擅捕食昆虫，也能捕杀小鸟、鱼、蛙和鼠类。

翠湖湿地 春季、秋迁徙季可见。观测于4月、9~10月。栖息于林地、芦苇荡、灌丛。

棕背伯劳 Lanius schach Long-tailed Shrike

楔尾伯劳 Lanius sphenocercus Chinese Grey Shrike

157 楔尾伯劳

市 | LC

Lanius sphenocercus | Chinese Grey Shrike

形态特征： 体长 25~31cm，中型鸣禽。雌雄相似。具黑色贯眼纹，眉纹白色，喙黑色，短而粗厚，端部呈钩状；上体灰色，初级飞羽基部至次级飞羽基部具白色带斑；下体羽白色；尾羽长，羽端呈凸状尾，中央尾羽黑色，其余尾羽大多端部白色，最外侧 3 对尾羽全为白色；跗跖黑褐色。

生活习性： 常栖息于开阔地区多稀疏林地或灌丛的山地、低山、丘陵、荒漠、草原、农田等环境；北京一般于秋冬季见于芦苇丛中，也出现于低山、平原和丘陵地带的疏林和林缘灌丛，为区域性常见冬候鸟、旅鸟和偶见夏候鸟。常单独或成对活动；食物主要为昆虫，亦常捕食小型脊椎动物，如蜥蜴、小鸟及鼠类 在乔木或灌木上筑巢。

翠湖湿地 春季迁徙偶见。观测于 2~3 月。空中过境。

158 红嘴蓝鹊

市 | LC | *Urocissa erythroryncha* | Red-billed Blue Magpie

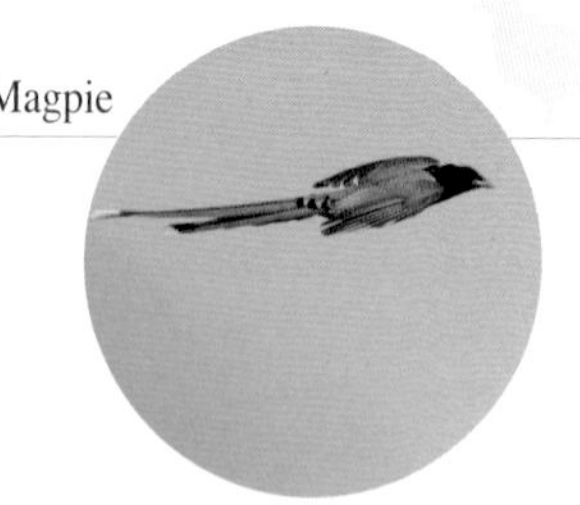

形态特征：体长 42~60cm，大型鸣禽。雌雄相似。成鸟头部黑色而顶冠白色，喙呈朱红色，颈黑色；上体蓝灰色，翼蓝紫色；前胸黑色，胸部以下白色；尾羽蓝紫色，两根中央羽甚长且具白色端斑，外侧尾羽依次渐短，末端有黑白相间的带状斑；跗跖红色。幼鸟喙色暗淡，且尾羽较短。

生活习性：栖息于低山区、平原区的阔叶林和针阔混交林中。北京多见于山地及丘陵林区，也见于一些较大的城市公园中，为常见留鸟；喜集小群活动，性活泼而嘈杂，飞行呈大波浪状，尾羽常展开，甚为飘逸；食性杂，主要以昆虫等动物性食物为食，也吃植物果实、种子等；营巢于树木侧枝上，呈碗状。

翠湖湿地 全年可见。栖息于林地、灌丛、草地。

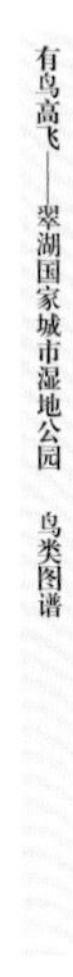

159 灰喜鹊

LC *Cyanopica cyanus* | Azure-winged Magpie

形态特征: 体长31~40cm，大型鸣禽。雌雄相似。成鸟头顶、头侧、后枕为黑色，喙黑色，喉部灰白色；肩背部灰色，翼为淡蓝色；腹部灰白色；尾羽均为淡蓝色。两根中央尾羽甚长且具白色端斑，飞翔时尤为明显；跗跖黑色。幼鸟体色大多较暗，头顶花白较为斑驳。

生活习性: 出没于平原区的各种环境中，在居民区也很常见，在高大树木的树冠层、灌丛乃至地面都可以见到，在山区较少见。北京多见于山地及丘陵林区，也见于一些较大的城市公园中，为常见留鸟。多成群活动，性嘈杂，经常鸣叫以相互联络；性不惧人，但人过于接近就会鸣叫报警，然后整群全部飞走；食性杂但以动物性食物为主，兼食一些乔灌木的果实及种子；多营巢于次生林和人工林中，也在村镇附近和路边上营巢。

翠湖湿地 全年可见。栖息于林地、灌丛、草地。

160	喜鹊
LC	*Pica serica* | Oriental Magpie

达乌里寒鸦 *Coloeus dauuricus* Daurian Jackdaw

形态特征：体长 40~50cm，大型鸣禽。雌雄相似。成鸟头、颈黑色；背部黑色，肩部白色，翼有蓝绿色金属光泽，飞行时可见两翼初级飞羽白色，羽端黑色；胸部黑色，腹部白色；黑色尾羽较长具暗绿色金属光泽，呈凸状；跗跖黑色。幼鸟似成鸟，但黑羽部分染有褐色，金属光泽也不显著。

生活习性：适应各种生境，特别适应人居环境，但较少出现于极为茂密的树林以及附近完全无树的空旷地带。北京于山区、平原、城市公园、居民区都有栖息，为常见留鸟。常集成小群或成对活动，性大胆，会主动骚扰猛禽，多从地面取食，食性杂；常筑巢在高大乔木接近树顶处；巢体甚大，主要以树枝筑成，顶部封闭，其内层具一泥制碗状内巢，并垫以草、羽毛、苔藓等。

翠湖湿地 全年可见。栖息于林地、灌丛、草地。

161 达乌里寒鸦

LC　*Coloeus dauuricus* | Daurian Jackdaw

形态特征： 体长29~37cm，大型鸣禽。雌雄相似。头侧耳羽灰黑色，喙黑色，较短粗，虹膜黑褐色；从后颈向两侧延伸至胸侧和腹部为白色，其余体色均为黑色；跗跖近黑色。

生活习性： 活动于稀疏的林地及开阔的乡村，常在农田觅食。北京多于山地、丘陵、平原、农田、旷野等各类生境，为冬候鸟、留鸟，亦有少量夏候鸟繁殖于山区。群居性，冬季喜欢集多至数千只的大群活动；杂食性，非繁殖期主食植物种子，但繁殖期主食昆虫；通常营巢于悬崖崖壁洞穴中。

翠湖湿地　冬候鸟。观测于1~5月、10~12月。栖息于林地、草地。

162 秃鼻乌鸦

LC *Corvus frugilegus* | Rook

形态特征：体长 46~47cm，大型鸣禽。雌雄相似。喙呈圆锥形且尖细，喙基部周围没有羽毛覆盖，裸露灰白色皮肤，在黑色体羽的映衬下非常显眼，除喙基部外，通体漆黑，并伴有蓝紫色金属光泽；飞行时头显突出，两翼较长窄，尾羽较宽；跗跖为黑色。

生活习性：偏好农田、草地与湿地边的空旷环境，附近多有高大树木，也会进入村镇。北京见于平原、丘陵、低山地形的农田、村庄附近，为不常见留鸟。常成群活动，冬季也和其他鸦群混合成大群；常于地面取食，食性杂；营巢于林缘、河岸、水塘和农田附近小块树林中，巢多置于高大乔木的树杈上。

翠湖湿地 冬候鸟（不常见）。观测于 1~4 月、10~12 月。栖息于林地、草地。

163 大嘴乌鸦

LC *Corvus macrorhynchos* | Large-billed Crow

形态特征：体长 45~57cm，大型鸣禽。雌雄相似。头颈部略具蓝紫色金属光泽，喙黑色粗大且厚，喙峰显著，喙上缘与前额交界处几成直角，显得额头尤为突出；全身羽色漆黑而有光泽；跗跖黑色。

生活习性：适应多种生境，包括城市、村庄、荒地、林地边缘等，栖息海拔可高至 5000m 以上。北京甚常见于农田、村庄、城市公园等人类居住地附近，亦见于山地，为留鸟。非繁殖期集群活动，在北方通常集成大群，在南方群体较小或单只活动，会与其他鸦类混群，食性多样，通常于地面觅食，会驱逐、攻击猛禽；营巢于高大乔木顶部枝杈处。

翠湖湿地 全年可见。栖息于林地、草地。

164 小嘴乌鸦

LC *Corvus corone* | Carrion Crow

形态特征：体长 48~56cm，大型鸣禽。雌雄相似。喙黑色，较粗大；全身羽色漆黑而有光泽；尾较宽；跗跖为黑色。

生活习性：适应林地、农田、滩涂、城市等各种生境，栖息海拔可高至 3600m。北京见于城市、郊野乡村和低山区域，冬季集群多见于城区，为甚常见留鸟和冬候鸟。常与大嘴乌鸦和达乌里寒鸦等混群，会驱赶猛禽，在较开阔的农田、荒地、垃圾场等处觅食，食性杂；冬季常集大群在市中心街道两旁的树木夜宿；营巢于高大乔木近树顶处。

翠湖湿地 冬候鸟。观测于 1~4 月、10~12 月。栖息于林地、草地。

165 白颈鸦

VU *Corvus Pectoralis* | Collared Crow

形态特征：体长 47~55cm，大型鸣禽。雌雄相似。后颈、颈侧至下胸为白色，形成一白色领环，成鸟喙黑色；上体及翼具紫蓝色金属光泽；其余体羽全为黑色；跗跖黑色。

生活习性：活动于开阔的低地，如河滩、农田、村庄边缘等，偏好近水域的地区。北京罕见于平原和低山开阔地区的湿地、农田和村庄附近，居留型尚不明确。性机警，多单独行动；在地面取食，食性杂；通常营巢于郊野乡村区域的高大乔木上。

翠湖湿地 罕见记录。观测于 4 月。见于林地。

166	煤山雀
市 | LC	*Periparus ater* | Coal Tit

形态特征：体长 9~12cm，小型鸣禽。雌雄相似。头、颈、喉至上胸黑色，具不明显的冠羽，两颊和枕部中央具白色；背部灰色或橄榄灰色，翼上覆羽深褐色，具灰色羽缘，大覆羽和中覆羽具白色端斑，形成两道较窄的白色翼斑；腹部白色有时杂皮黄色。

生活习性：栖息于中海拔山区的各类林地，也至灌丛。北京不常见于低山针叶林和混交林中，冬季有时下至平原林地，为留鸟。性较活泼，行动敏捷，常在树枝间穿梭跳跃；主要以昆虫为食；通常营巢于天然树洞中，有时也在土崖和石隙中营巢；巢呈杯状。

翠湖湿地：罕见记录。观测于 12 月。栖息于林地。

167 黄腹山雀

市 | LC | *Pardaliparus venustulus* | Yellow-bellied Tit

形态特征： 体长 9~11cm，小型鸣禽。雄鸟前额、头顶亮黑色，颊和耳羽白色，后颈中间有白斑；上体蓝灰色，下背至腰蓝灰色，两翼黑褐色，具两道白色翼斑，飞羽具灰绿色羽缘；下胸和腹部亮黄色；尾黑色，较短，外侧尾羽外翈具白斑；雌鸟似雄鸟，颏、喉为淡黄白色，且上体色淡呈灰绿色。

生活习性： 栖息于中低海拔的各类林地。北京常见于低山和山脚下平原地带的林地和平原城市公园中，为西北部山地的夏候鸟，城区、郊区平原和山地的旅鸟。近年来，低海拔林地有少量越冬群体；常集小群出没，穿梭活跃于树冠间；主要以昆虫为食，也吃植物果实和种子等；于树洞中营杯状巢。

翠湖湿地：春季、秋迁徙季可见，有夏候种群。观测于 2~11 月。栖息于林地、草地。

168 沼泽山雀

LC *Poecile palustris* | Marsh Tit

形态特征： 体长 12~13cm，小型鸣禽。雌雄相似。头顶黑色，略具光泽，头侧近白色，无枕斑，颏、喉部具一小块黑色斑，喙黑色，较短而厚实，上喙基部具白斑；上体和两翼灰褐色或橄榄色，无翼斑；两胁皮黄色，下体偏白色。

生活习性： 栖息于山区林地，冬季也见于公园、果园等环境。北京常见于海拔 800m 以下的低山和平原的林缘疏林灌丛、农田以及城市公园中，为留鸟。性较活泼，常穿梭于树林或灌丛间，主要以昆虫为食，也食植物果实、种子及嫩芽；营巢于树洞中。

翠湖湿地 全年可见，留鸟。栖息于林地。

169 褐头山雀

LC *Poecile montanus* | Willow Tit

形态特征： 体长11~13cm，小型鸣禽。雌雄相似。头顶褐色或黑褐色，缺乏光泽，头两侧白色，颏、喉部黑色；上体灰褐色，无翼斑和枕斑；下体偏白色或淡皮黄白色，两胁皮黄色。

生活习性： 栖息于中高海拔山区林地，特别是针叶林和阔叶混交林。北京区域性常见于海拔800m以上的山地森林中，但非繁殖期常向较低海拔移动，为留鸟。性活泼，行动敏捷，在枝丫间穿梭寻觅食物，有时倒悬枝头；主要以昆虫为食，亦食少量种子和嫩芽等植物性食物；巢多筑于树洞和树裂隙中。

翠湖湿地 偶见记录。观测于11月。栖息于林地。

170 大山雀

LC *Parus minor* | Japanese Tit

形态特征： 体长12~14cm，黑、灰、白色山雀。前额、眼先、头顶皆为黑色，颊至耳羽白色，后颈具一较小的白色斑块。颏、喉黑色，具一显著的黑色带自喉延伸至腹部中央。上背黄绿色，两翼黑褐色，具一道明显白色翼斑。下背、腰及尾上覆羽蓝灰色。尾羽深蓝灰色，外侧尾羽白色。极似大山雀，但下体无黄色而多为偏白色并具黑色臀纹。白色翼斑明显，尾部黑色而尾缘白色。

生活习性： 栖息于各类林地。北京常见于山区至平原各类林地及城市公园中，为留鸟。性活泼，行动敏捷，单独或集小群活动，于林灌间跳跃，偶尔也飞到空中或下到地面抓昆虫。营巢于树洞中。

翠湖湿地 全年可见。栖息于林地、草地。

171 中华攀雀

LC *Remiz consobrinus* | Chinese Penduline Tit

形态特征： 体长10~11cm，小型鸣禽。雄鸟头部灰色，宽阔的黑色贯眼纹延至耳羽，喙铅灰色，虹膜暗褐色，颏、喉近白色，后颈和颈侧栗红色。背、腰沙褐色，飞羽暗褐色；胸、腹部皮黄色；尾下覆羽沙褐色，尾羽暗褐色，尾部略分叉；雌鸟和幼鸟似雄鸟但体色更暗、贯眼纹更浅。

生活习性： 栖息于平原地区疏林或阔叶林、芦苇、香蒲、高草等地。北京不常见于湿地附近的柳树林和芦苇丛中为夏候鸟冬候鸟和旅鸟。常见其成小群，攀于芦苇、灌丛之中；主要以昆虫为食，冬季多食植物种子等；营巢在杨树、榆树、柳树等阔叶树上；巢呈囊袋状，主要由树皮纤维、羊毛、蒲绒、杨絮、柳絮等编制而成，结构精巧，悬于乔木柔软的细枝末梢。

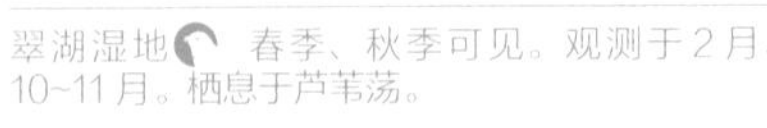

翠湖湿地 春季、秋季可见。观测于2月、10~11月。栖息于芦苇荡。

172 蒙古百灵

国 II　LC　*Melanocorypha mongolica* | Mongolian Lark

形态特征： 体长 17~22cm，中型鸣禽。头部图案独特，为浅黄褐色顶冠和栗色外圈，其下方的白色眉纹延至枕部栗色颈环上方，喙浅角质色，较为粗厚，头两侧淡棕色；上体以褐色为主，杂有灰白色斑纹，外侧初级飞羽黑褐色，次级飞羽和内侧初级飞羽皆为白色；下体白色为主，胸具断开的黑色横带；中央尾羽棕色，最外侧尾羽白色，其余尾羽黑褐色，尖端羽色较淡；跗跖橙色。

生活习性： 常栖息于草原、半荒漠等开阔地区，常出没于水域附近的草地或盐碱草地上，尤其喜欢草本植物茂密的湿草原地区。北京常见于大型水域周边荒地、草地、干涸河床，为旅鸟、冬候鸟。常集大群，特别是迁徙和越冬期间，擅奔跑，亦擅飞翔，常在空中边飞边鸣；主要以草籽为食，也捕食少量昆虫等；营巢地面稍凹处或草丛间。

翠湖湿地：冬季偶见，观测于 2 月，栖息于林下。

173 中华短趾百灵

LC *Calandrella dukhunensis* | Mongolian Short-toed Lark

形态特征： 体长14~15cm，小型鸣禽。雌雄相似。喙黄色，白色眉纹具黑色纵纹，颈侧有黑色块斑；上体棕褐色，具黑色纵纹，胸部棕色较浓；下体浅皮黄色；跗跖肉色。

生活习性： 栖息于开阔的干旱平原、荒漠及半荒漠地带，尤其是具有稀疏植物和矮小灌木丛的干旱沙石平原和荒漠地带，也出现于近水草地和农田地带。北京不常见于荒草地和农田，为旅鸟。于地面行走，受惊扰时藏匿不动，因有保护色而不易被发觉，炫耀高飞时直冲入云，边飞边鸣唱。

翠湖湿地 春季偶见。观测于5月。栖息于草地。

174 短趾百灵

LC *Alaudala cheleensis* | Asian Short-toed Lark

形态特征: 体长13~14cm，小型鸣禽。无羽冠，眉纹、眼周棕白色，颊、耳羽棕褐色，虹膜深褐色，喙黄色，较为短小；上体羽浅沙棕色，具黑褐色纵纹，外侧第四枚初级飞羽仅比前三枚略短，三级飞羽与邻近的次级飞羽长度无显著差异；下体乳白色，胸部具清晰的黑色细纵纹；尾黑褐色，最外侧尾羽为白色；跗跖肉棕色，较短。

生活习性: 栖于平原、草地和半荒漠地区，尤其喜欢湖泊及河流等水域附近的砂砾草滩和草地，也出现于干燥平原、有稀疏植物和灌木的砾石荒漠和山脚平原。北京不常见于近水的沙质荒草地等环境，为旅鸟，亦有甚零散的繁殖和越冬种群。常成小群活动，能垂直起飞，边飞边鸣，有时也呈波浪形往前飞；主要以杂草种子为食，有时也吃少量昆虫；营巢于草丛中地面。

翠湖湿地 偶见于春季。观测于4月。栖息于草地。

175 云雀

国II LC *Alauda arvensis* | Eurasian Skylark

形态特征: 体长16~18cm，中型鸣禽。雌雄相似。头顶具冠羽，虹膜暗褐色，喙较短而尖，上喙灰色，下喙角质色；上体褐色，具显著的黑色纵纹，翼后缘具白色边缘；下体灰白，胸部密布不连贯黑色纵纹；尾羽两侧有比较明显的白色边缘；跗跖肉褐色。

生活习性: 栖息于开阔的平原、草地、沼泽、耕地和海岸等，也出现于树木稀疏的山地和林缘地带，尤其喜欢近水草地。北京多见于开阔的草地和农田荒地，为旅鸟、冬候鸟。繁殖期成对活动，其他时候多成群，善奔跑，主要在地面上活动，常从地面突然起飞做炫耀飞行，头顶羽冠兴奋是立起。繁殖季主食昆虫，非繁殖季主食植物种子。于草地上营巢，巢以草编织而成。

翠湖湿地 常见于秋季迁徙，栖息于较开阔草地。

176 文须雀

LC *Panurus biarmicus* | Bearded Reedling

形态特征：体长15~18cm，中型鸣禽。雄鸟前额、头顶、头侧蓝灰色，眼先、眼周黑色并向下延伸形成锥状竖直髭纹，似两撇胡须，喙黄色，较短纤细，颏、喉灰白色；背、肩、腰棕色；前胸灰白色，两胁淡棕黄色；尾棕色，一对中央尾羽甚长，外侧尾羽依次逐渐缩短；跗跖黑色。雌鸟似雄鸟，但头淡黄棕色，眼下亦无黑色髭纹。

生活习性：常栖息于湖泊或河流沿岸的芦苇丛中，有时亦至城市公园中多芦苇丛的湿地活动；北京见于较大湿地的芦苇丛，为不常见冬候鸟和罕见夏候鸟。多成对或成小群活动，性活泼；常见其攀在芦苇茎上啄食，食物主要为昆虫和芦苇种子与草籽等；通常营巢于芦苇或灌木下部。

翠湖湿地：偶见于冬季。观测于2月、11~12月。栖息于芦苇荡、灌丛。

177 棕扇尾莺

LC *Cisticola juncidis* | Zitting Cisticola

形态特征：体长10~14cm，小型鸣禽。雌雄相似。成鸟繁殖羽头褐色，头顶具黑色细纹，眉纹皮黄色，较短，喙粉色，喙峰黑色；上体褐色，具显著黑色纵纹和沙黄色羽缘，下背、尾上覆羽和腰栗棕色；下体灰白色，胸两侧和两胁浅棕色；尾短且圆，中央略凸出，飞行时扇形展开，中央尾羽暗褐色，具淡黄色端斑和黑色次端斑，外侧尾羽黑色，具棕绿色边缘；跗跖粉色。

生活习性：栖息于海拔1000m以下的湿地附近的灌木丛、草丛和芦苇丛中，在北京为不常见夏候鸟。繁殖期常单独或成对活动，非繁殖期性胆怯，不易见；求偶时雄鸟在领域上空振翅悬停、急速上升下降并鸣叫；繁殖期4~7月，营巢于草丛中，巢呈吊囊状，开口在上方侧面。

翠湖湿地 夏候鸟。观测于6~7月。栖息于芦苇荡、草地、灌丛。

178 东方大苇莺

市 | LC

Acrocephalus orientalis | Oriental Reed Warbler

形态特征： 体长 17~19cm，中型鸣禽。雄鸟头顶、枕部橄榄褐色，停歇时顶冠略微耸起，皮黄色眉纹显著，喙较长，喙峰黑色，下喙粉色，喙内侧橙红色十分显眼，喉至前胸米白色；上体、两翼橄榄褐色，胸具不显著褐色纵纹，飞羽黑褐色，羽缘棕黄色，初级飞羽与三级飞羽几乎等长；下体其余污白色；尾羽暗褐色。雌鸟与雄鸟相较羽色稍暗；跗跖灰褐色。幼鸟上体羽棕黄褐色，下体浅棕黄色。

生活习性： 常栖息于芦苇丛、稻田、沼泽和灌木丛。在北京为常见夏候鸟。繁殖期常单独或成对活动；擅长鸣叫，喜站在芦苇丛、灌木丛或附近树上高声鸣唱，频繁地在草茎或灌丛间跳跃、攀援，以昆虫、蜗牛、水生植物种子为食；营巢于茂密芦苇丛中，呈深杯状。

翠湖湿地 夏候鸟。观测于 5~8 月。栖息于芦苇荡。

179 黑眉苇莺

市 | LC

Acrocephalus bistrigiceps | Black-browed Reed Warbler

形态特征： 体长 13~14cm，小型鸣禽。雌雄相似。头顶、上体及两翼黄褐色或橄榄褐色，米白色眉纹上方有显著的黑褐色侧冠纹，具较细的黑褐色贯眼纹，喙较短而细，上喙黑灰色，下喙粉色；喉至下体白色，两胁及尾下覆羽浅棕黄色；尾羽深褐色，具淡褐色羽缘；跗跖灰褐色。

生活习性： 常栖息于低海拔地区的水库、河流、湖泊、水塘的芦苇丛中。在北京为区域性常见旅鸟。繁殖期常单独或成对活动；能灵活地穿梭于芦苇茎叶间，雄鸟鸣叫时常站在芦苇高处或枝头明显处，鸣声甜美，重复而多变，喜食昆虫；营巢于草丛或芦苇丛中，幼鸟 7 月上旬离巢学飞。

翠湖湿地 春季、秋季迁徙可见。观测于 5~6 月、9~10 月。栖息于芦苇荡、灌丛。

180 厚嘴苇莺

LC *Arundinax aedon* | Thick-billed Warbler

形态特征：体长 18~21cm，中型鸣禽。雌雄相似。头、上体、两翼、尾羽均为橄榄褐色或棕色，无眉纹，眼先白色，喙较粗厚，喙峰深灰色，其余粉色，颏、喉白色；胸、两胁及尾下覆羽均为淡棕色，腹部近白色；尾较长，呈楔形；跗跖灰褐色。

生活习性：与其他苇莺不同，常栖息于海拔 800m 以下的林地、灌木丛和草丛，或植被丰富的城市公园，远离水域。在北京为不常见的夏候鸟和旅鸟。喜单独活动；雄鸟常站在巢附近的灌丛枝头上鸣唱，以昆虫为食，觅食时动作敏捷；营巢于茂密林间或林缘灌丛中，巢呈杯状或碗状。

翠湖湿地：春季、秋季迁徙可见。观测于 5~6 月、9 月 ~10 月。栖息于芦苇荡、灌丛。

181 矛斑蝗莺

LC *Locustella lanceolata* | Lanceolated Warbler

形态特征：体长 12~13.5cm，小型鸣禽。雌雄相似。头顶、上体和两翼褐色，有显著的黑色纵纹，眉纹淡黄色，不明显，喙黑灰色，下喙基部粉色，颏、喉白色；下体黄白色，胸至两胁具黑色纵纹和纵斑，尾下覆羽褐色，具黑色纵纹；尾羽黑褐色；跗跖粉色。

生活习性：多栖息于低山至平原的灌丛、草丛以及稻田、芦苇丛中。在北京为不常见旅鸟。多单独活动；性隐蔽，喜在浓密植被中和地面上来回穿梭，在地面上走动迅速，喜食昆虫；营巢于草丛中。

翠湖湿地 偶见于秋季。观测于 8~9 月。栖息于芦苇荡、灌丛。

182 小蝗莺

LC *Helopsaltes certhiola* | Pallas's Grasshopper Warbler

形态特征：体长 12~14cm，小型鸣禽。雌雄相似。头顶、上体褐色，头顶至后背有显著的黑褐色纵纹，眉纹皮黄，喉至腹部近白色；两翼及尾羽褐色，均具白色端斑和黑色次端斑；胸侧、两胁和尾下覆羽淡褐色；跗跖粉色。

生活习性：栖息于近水的林缘、灌木丛和芦苇丛中。在北京为区域性常见旅鸟。迁徙时一般单独活动；性隐蔽，藏匿、穿行于芦苇丛、灌丛或草丛中，繁殖期雄鸟常站在芦苇高枝或灌木干枝上鸣唱，以昆虫为食，偶尔也吃少量植物；营巢于浓密草丛中。

翠湖湿地 春季、秋季迁徙可见。观测于 5~6 月、8~9 月。栖息于芦苇荡、灌丛。

183 北蝗莺

LC *Helopsaltes ochotensis* | Middendorff's Grasshopper Warbler

形态特征：体长 13.5~14.5cm，小型鸣禽。眉纹皮黄色，与黑色贯眼纹对比明显；背、胁、尾上覆羽和尾羽略带棕色；背部具模糊的深色纵纹，飞羽外翈具浅白色边缘；腹部偏白色；尾羽末端具明显白缘。幼鸟胸部和两胁具纵纹。

生活习性：栖息于低山和山脚的河谷、湿地附近茂密的灌木丛、芦苇丛和高草丛中。以鞘翅目、鳞翅目等昆虫及其幼虫为食；繁殖期 5~8 月，营巢于地上或靠近地面的草丛中，呈杯状。

翠湖湿地 罕见记录。观测于 9 月。栖息于灌丛。

184	崖沙燕
LC	*Riparia riparia* | Sand Martin

形态特征：体长12~13cm，小型鸣禽。雌雄相似。成鸟头灰褐色，喙黑色，耳羽与胸带间分界明显；上体及两翼皆为灰褐色；下体白色，胸具显著的一道灰褐色横带；尾羽浅叉形；跗跖褐色。幼鸟羽色大致似成鸟，但喉部皮黄色，上体各羽具淡棕色羽缘。

生活习性：栖息于湿地边沙质岸滩或土堤，也停歇于岸边树枝上或电线上；北京为常见旅鸟；喜集群活动；在河岸的沙质悬崖上凿洞为巢。

翠湖湿地 春季、秋季迁徙可见。观测于5月、8月。空中过境。

185 家燕

市 | LC

Hirundo rustica | Barn Swallow

形态特征：体长17~19cm，中型鸣禽。雌雄相似。前额栗红色，头深蓝色，具金属光泽，颊、喉栗红色；上体深蓝色，翼上覆羽与上体同色，飞羽黑褐色；上胸栗红色，其下有一道蓝黑色胸带，腹部白色；尾羽深叉形，最外侧尾羽最长、中央尾羽最短，所有尾羽均具白色次端斑。

生活习性：活动于农田和荒野，尤其喜爱靠近水边的栖息地，也能适应城市环境，但现代建筑往往不能为其提供良好的巢址，导致城市内家燕数量下降。北京夏候鸟和旅鸟。喜集群活动，特别是迁徙时常集大群；捕捉小型昆虫；营巢于屋舍内外的顶棚、墙壁上，为泥制碗状巢。

翠湖湿地 夏候鸟。观测于3~10月。栖息于林中、草地、开阔水域。

186 金腰燕

市 LC *Cecropis daurica* | Red-rumped Swallow

形态特征：体长 16~20cm，中型鸣禽。雌雄相似。头顶深钢青色，具金属光泽。喙黑色，颈侧具显著栗色，具深色羽干纹，后颈栗棕色，喉淡棕白色，具清晰的深色纵纹；背部深钢青色，具金属光泽，腰砖红色或橙黄色，无细纹；下体沾棕黄色，胸、腹部淡棕白色，具清晰的深色纵纹；尾羽黑褐色，较长，呈深叉形，尾下覆羽沾黄色；跗跖较短，黑色。

生活习性：活动于城镇、农田和河流开阔的区域。在北京为甚常见夏候鸟和旅鸟。典型燕类的习性，伴人而居，有时与家燕混群，但飞行速度略慢，捕捉小型昆虫；营巢于屋舍、桥梁等建筑物上，巢为泥制，呈瓶状，开口较小，比家燕的巢更精巧。

翠湖湿地 夏候鸟。观测于 3~10 月。栖息于林中、草地、开阔水域。

187 白头鹎

LC *Pycnonotus sinensis* | Light-vented Bulbul

形态特征: 体长18~20cm，中性鸣禽。雌雄相似。顶冠黑褐色，略具羽冠，髭纹黑色，头顶、眼先及颊黑色，眼后至枕部白色，耳羽褐色，耳羽后方白色或灰白色，颏、喉白色，喙黑色；上体灰绿色，两翼和尾褐色，具鲜艳的黄绿色羽缘；胸灰褐色，腹部白色，跗跖黑色；尾下覆羽白色。

生活习性: 活动于各种环境，包括开阔的次生林、耕地、林缘地带、果园、花园、灌丛、城市、乡村及海岛，适应性极强。北京多见于城区和郊区，为常见留鸟。性活跃而擅鸣，常集 3~10 只的小群；捕食昆虫；一般营巢于灌丛或树上，巢为杯状，由细树枝、纤维和草等编制而成。

翠湖湿地 全年可见。栖息于林中、芦苇荡、灌丛。

188	叽喳柳莺
LC	*Phylloscopus collybita* | Common Chiffchaff

形态特征： 体长 10~11.5cm，小型鸣禽。雌雄相似。成鸟头顶及枕部黑色，具白色顶冠纹，颈侧、颊、眼先，额基和颏污白，喉具黑斑，喙细小而黑，背、腰及肩灰色，腰部具一粉红色窄带但通常不可见，飞羽大部分黑灰色，三级飞羽及内侧次级飞羽羽缘灰白，翼上覆羽深黑色，翼下覆羽及腋羽污白色；下体亦为污白色但常沾粉红色；尾细长，尾羽深灰黑色，最外侧 3 对尾羽翈污白色；跗跖黑色。

生活习性： 繁殖期栖息于山地森林，尤以林下灌木较发达的针叶林和河谷与溪流两岸的树丛与柳灌丛中较常见；迁徙时出现在荒漠灌丛、河谷柳树丛、芦苇丛、草丛以及平原绿洲的树林中，在北京甚为罕见迷鸟；营巢于灌丛或草丛中近地面处。

翠湖湿地 罕见记录。观测于 11 月。栖息于林地、灌丛。

189 褐柳莺

LC *Phylloscopus fuscatus* | Dusky Warbler

形态特征： 体长11~12cm，小型鸣禽。雌雄相似。头顶褐色或橄榄褐色，眉纹白色，前段边缘清晰，后段略沾棕色，贯眼纹暗褐色，颊棕白色，颏、喉白色或棕白色，喙尖细，呈黑灰色；上体及两翼褐色或橄榄褐色，飞羽边缘橄榄绿色，无翼斑；下体余部淡灰褐色，胸部和两胁沾黄褐色；尾下覆羽淡棕色；跗跖褐色。

生活习性： 繁殖期活动于山脚平原到海拔4500m的山地森林和林线以上的高山灌丛地带，尤喜稀疏而开阔的阔叶林、针阔混交林和针叶林林缘，以及溪流沿岸的疏林与灌丛；北京为常见旅鸟。常在浓密的林地和灌丛下层及地面活动，边在植被中穿梭，边发出单调的鸣声；于灌丛、高草丛中营巢。

翠湖湿地 春季、秋季迁徙可见。观测于4~6月、9~10月。栖息于灌丛、芦苇荡。

190 巨嘴柳莺

LC *Phylloscopus schwarzi* | Radde's Warbler

形态特征： 体长 12.5~13.5cm，小型鸣禽。雌雄相似。头顶为橄榄褐色，具皮黄色长眉纹，眼后部分为乳白色；贯眼纹橄榄褐色，喙较为粗钝；背部略拱，两翼具橄榄绿色羽缘；下体污白色，胸部和两胁沾皮黄色；尾下覆羽为浓郁的棕黄色；跗跖褐色。

生活习性： 繁殖期活动于 1400m 以下的低山丘陵和山脚平原地带，多在阔叶林和混交林林缘地带活动。北京为常见旅鸟。单独或成对活动，性机警，行为隐秘，常在浓密的植被下层活动；在繁殖季节，雄鸟站在灌丛或矮树顶端，从早到晚鸣唱不停，清晨叫得尤为频繁；觅食时在近地面频繁跳动；营巢于灌丛或草丛中。

翠湖湿地 春季、秋季迁徙可见。观测于 5 月、9~10 月。栖息于灌丛、林地。

191 棕眉柳莺

LC *Phylloscopus armandii* | Yellow-streaked Warbler

形态特征： 体长12~14cm，小型鸣禽。雌雄相似。头顶、颈为沾绿的橄榄褐色。眉纹米白色，前段略沾黄色，较长且宽，甚为清晰，贯眼纹褐色，侧脸具深色杂斑，暗色的眼先和贯眼纹与乳白色的眼圈形成对比，上喙深褐色，略具弧度，下喙黄色，喉部黄色具纵纹；背、腰部为沾绿的橄榄褐色，飞羽、翼覆羽和尾羽的羽缘均为橄榄色；下体近白色，胸部和腹部具纵纹，胸侧和两胁沾橄榄色；尾上覆羽橄榄褐色，尾下覆羽淡皮黄色，无白色，尾部略分叉；跗跖褐色。

生活习性： 繁殖期活动于海拔1200m的山地及山脚平原地带的森林，尤喜针叶林、杨桦林，以及林缘与河边灌丛地带；非繁殖期活动于海拔1500m以下的林地。在北京多见于西、北部山区海拔1200m以上的森林和灌丛，为区域性常见夏候鸟；常单独或成对活动；营巢于林地灌丛。

翠湖湿地 罕见记录。观测于5月。见于林地。

192 云南柳莺

LC *Phylloscopus yunnanensis* | Chinese Leaf Warbler

形态特征：体长 9~10cm，小型鸣禽。雌雄相似。具清晰的灰白色顶冠纹、暗灰色侧冠纹和长且宽的皮黄色眉纹，贯眼纹暗褐色，上喙黑褐色，下喙黄色，下喙尖黑褐色；体羽为沾灰色的绿色，无黄色调，具两道淡黄白色翼斑，第二道甚浅，三级飞羽末端具浅色羽缘，腰淡黄色，野外观测并不易见；下体大致为白色；跗跖褐色。

生活习性：繁殖期多活动于海拔 1000~2800m 的山地森林中，喜爱针叶林占优势的针阔叶混交林，也可在中低海拔的次生常绿阔叶林繁殖；非繁殖期活动于 400~1800m 的阔叶林；在北京为区域性常见夏候鸟；非繁殖期集小群，繁殖期常立于松树顶端鸣啭，鸣声清脆而有节奏；通常在树上部活动，觅食时活泼好动；营巢于林下地面或近地面之处。

翠湖湿地 春季、夏季可见。观测于 6 月、8 月。栖息于林地。

193 黄腰柳莺

市 LC *Phylloscopus proregulus* | Pallas's Leaf Warbler

形态特征：体长 9~10cm，小型鸣禽。雌雄相似。具清晰的黄色顶冠纹，侧冠纹暗绿色，眉纹宽阔，呈柠檬黄色，甚为鲜艳，贯眼纹暗绿色，喙黑色；上体橄榄绿色，具两道清晰的沾黄色翼斑，飞羽黑褐色具橄榄绿色羽缘，三级飞羽端部白色，腰柠檬黄色；下体白色或灰白色；尾羽黑褐色，具橄榄绿色羽缘，尾下覆羽略沾淡黄色；跗跖褐色。

生活习性：繁殖期活动于针叶林和针阔叶混交林，从山脚平原一直到山上部林缘疏林地带，高可至海拔 1700m，有时也栖于中低海拔的阔叶林。在北京为常见旅鸟，是春季（4~5 月）和秋季（10 月）北京低海拔最常见的过境柳莺之一。极活跃，迁徙时常集小群在树冠层不断跳跃，亦常悬停；一般营巢于针叶林树上。

翠湖湿地 春季、秋季迁徙可见。观测于 3~6 月、8~11 月。栖息于林中。

194	黄眉柳莺
LC	*Phylloscopus inornatus* | Yellow-browed Warbler

形态特征：体长 10~11cm，小型鸣禽。雌雄相似。头顶暗橄榄绿色，部分个体具不清晰的顶冠纹，较长的淡黄白色眉纹和暗绿色贯眼纹，下喙基部黄色；上体橄榄绿色（新羽绿色较鲜艳，旧羽则偏灰绿色），翼上具两道清晰的淡黄白色翼斑，飞羽黑褐色，羽缘橄榄绿色，三级飞羽末端具浅色羽缘，腰与上体同色；下体灰白色至黄绿色；跗跖褐色。

生活习性：繁殖期活动于海拔 1000~2400m 的森林，包括针叶林、针阔混交林、柳树丛和林缘灌丛，迁徙和越冬于平原和丘陵地带的各种林地、灌丛。在北京为常见旅鸟，是春季（4~5月）和秋季（9月）北京低海拔最常见的过境柳莺之一。迁徙时集松散的小群在树冠层活动；营巢于树上或地上。

翠湖湿地 春季、秋季迁徙可见。观测于 5~6 月、9~10 月。栖息于林中。

195 淡眉柳莺

市 | LC | *Phylloscopus humei* | Hume's Leaf Warbler

形态特征：体长10~11cm，小型鸣禽。雌雄相似。头顶暗灰绿色，眉纹淡黄白色，贯眼纹暗绿色；上体灰绿色，两翼黑褐色，具狭长的绿色边缘和两道淡皮黄色翼斑（由中覆羽浅色端部形成的翼斑常不甚清晰），三级飞羽具狭长的浅色尖端，腰与上体同色；下体灰白色或淡皮黄色；跗跖黑褐色。

生活习性：活动于海拔1000~3500m的山地针叶林、亚高山松林、桦矮曲林和高山灌丛草地，尤以杜鹃灌丛和松、桦矮曲林地带较常见；迁徙季节和冬季栖息于沟谷、河流、阔叶林、果园、疏林草坡及灌丛草地。在北京繁殖于山区海拔1400m以上的林地，迁徙时亦见于较低海拔地区，为不常见夏候鸟。多单独或成对活动，性情活泼，整天在树枝和灌木枝上不停地跳跃，也常在地面活动和觅食；营巢于浓密的灌丛和矮树上。

翠湖湿地 夏季偶见。观测于7月。栖息于林地。

196	**极北柳莺**
LC	*Phylloscopus borealis* | Arctic Warbler

形态特征：体长 12~13cm，小型鸣禽。雌雄相似。头型扁平，头顶暗灰绿色，眉纹较细，仅向前延伸至眼先上方而不至喙基，呈淡黄白色，喙长且尖细，呈黑灰色，下喙基部黄色，具暗色斑；上体及翼上覆羽大致为橄榄绿色或灰绿色，初级飞羽较长，翼上具 2 道细翼斑，有的个体翼斑磨损，飞羽黑褐色，具狭长的橄榄绿色外翈羽缘，三级飞羽无浅色端斑，腰与上体同色；下体污白色；跗跖褐色。

生活习性：繁殖期活动于海拔 400~1200m 的针叶林、稀疏阔叶林、针阔混交林及其林缘的灌丛地带，迁徙时见于林缘次生林、人工林、果园、花园等各种绿地。北京为区域性常见旅鸟。迁徙季节常集小群或其他柳莺混群活动，多在树冠的上层和下层活动；营巢于林地地面。

翠湖湿地 春季、秋季迁徙可见。观测于 5~6 月、9 月。栖息于林地。

双斑绿柳莺 Phylloscopus plumbeitarsus Two-barred Warbler

197 双斑绿柳莺

LC *Phylloscopus plumbeitarsus* | Two-barred Warbler

形态特征：体长 11.5~12cm，小型鸣禽。雌雄相似。头顶橄榄绿色，眉纹淡黄白色，较长，向前延伸至喙基且清晰，贯眼纹暗绿色，喙较粗壮，下喙黄色、无暗色斑；上体橄榄绿色，大覆羽和中覆羽端部黄白色，形成两道粗而清晰的翼斑，飞羽黑褐色，具宽阔的橄榄绿色羽缘；下体白而腰绿，跗跖褐色；尾羽暗褐色，羽缘橄榄绿色。

生活习性：繁殖期活动于海拔 400~4000m 的针叶林、针阔叶混交林、白桦及白杨树丛中；迁徙时常活动于平原、丘陵地带的次生林林缘、公园绿地及灌丛。在北京为不常见旅鸟。性较活泼，迁徙季节常集小群或与其他柳莺混群活动；营巢于森林中近溪流的地面上。

翠湖湿地 春季、秋季迁徙可见。观测于 5~6 月、9 月。栖息于林地。

198 暗绿柳莺

LC *Phylloscopus trochiloides* | Greenish Warbler

形态特征：体长 11~12cm，小型鸣禽。具黄白长眉纹，偏灰色顶冠纹和绿色侧冠纹之间几乎无对比；眼圈偏白色，贯眼纹深色；耳羽具暗色细纹；虹膜褐色。上喙角质色，下喙色浅偏粉色；背部偏绿色，通常仅具一道黄白色翼斑；下体灰白色，两胁沾橄榄色；尾部无白色；跗跖褐色。

生活习性：栖息于中高海拔山地的各种林地和林缘灌木；夏季栖于高海拔灌丛和林地，冬季见于低海拔森林、灌丛和农田。单独或成对活动于树木中上层，性较活泼。

翠湖湿地 罕见记录。春季、秋季迁徙可见。观测于 5 月、9 月、10 月。栖息于林地。

199 淡脚柳莺

LC *Phylloscopus tenellipes* | Pale-legged Leaf Warbler

形态特征：体长 10~11cm，小型鸣禽。雌雄相似。头顶暗灰褐色，近白色的眉纹甚长且较宽阔，贯眼纹暗绿色，喙黑灰色，下喙以黑色为主，仅喙尖浅色；上体暗橄榄绿色或橄榄褐色，具两道较细的皮黄色翼斑，有的个体无翼斑；下体大致为白色；部分个体尾下覆羽淡黄白色；跗跖粉灰色。

生活习性：繁殖期活动于海拔 1800m 以下的针阔叶林地，尤喜河流附近的茂密森林。在北京为不常见旅鸟，多见于平原各类林地。迁徙时多单独或松散的小群活动，一般见于林地和灌木的中下层和地面；营巢于林间近水源的地面上。

翠湖湿地 罕见记录。观测于 6 月。栖息于林地。

200 冕柳莺

市 | LC | *Phylloscopus coronatus* | Eastern Crowned Warbler

形态特征： 体长 11~12cm，小型鸣禽。雌雄相似。头顶暗绿色，具模糊的白色顶冠纹，在枕部较清晰，眉纹淡黄白色，贯眼纹暗绿色，喙较长且粗壮，上喙黑灰色，下喙橙黄色；上体和两翼鲜亮的橄榄绿色，两翼具一道较细的淡黄色翼斑；下体近白色；尾下覆羽淡黄色，尾羽黑褐色，外翈羽缘呈黄绿色；跗跖褐色。

生活习性： 繁殖期活动于海拔 2000m 以下的山地针叶林、针阔叶混交林，阔叶林及其林缘地带。北京为常见夏候鸟及旅鸟。繁殖于北京西部和北部海拔 1100~1800m 的山地森林和灌丛，迁徙时亦见于平原林地；营巢于林地近溪流处的地面或近地面的矮树、灌丛中。

翠湖湿地 春季偶见。观测于 5 月。栖息于林地。

201 冠纹柳莺

市 LC *Phylloscopus claudiae* | Claudia's Leaf Warbler

形态特征： 体长 10cm，小型鸣禽。雌雄相似。头顶暗绿色，具清晰的灰白色顶冠纹，后部较宽，眉纹淡黄白色，贯眼纹深色，喙较长且粗壮，上喙黑灰色，下喙黄色；上体和两翼橄榄绿色，具两道清晰的淡黄色翼斑；下体污白色，不沾黄；外侧尾羽内翈具狭窄白缘；跗跖褐色。

生活习性： 繁殖于海拔 3500m 的以下的各类森林及林缘灌丛；非繁殖期迁移到低山或山脚平原地带。在北京繁殖于北京西部及北部海拔 1200m 以上的林地，非繁殖期迁至较低海拔处，为区域性常见夏候鸟和旅鸟。多在林冠层活动，但有时亦下至灌丛；营巢于林间地面或靠近地面的树洞中。

翠湖湿地 夏季偶见。观测于 6 月。栖息于林地。

202 淡黄腰柳莺

LC *Phylloscopus chloronotus* | Lemon-rumped Warbler

形态特征： 体长 10~11cm，小型鸣禽。雌雄相似。具淡黄色顶冠纹，眉纹宽阔，呈淡黄色，贯眼纹暗褐色，有时耳羽上具浅色点斑，喙黑色；上体为沾灰色的橄榄绿色，具两道淡黄色翼斑，三级飞羽羽端白色，腰呈淡黄色；外侧尾羽无白色；跗跖褐色。

生活习性： 栖息于中高海拔的针叶林、针阔混交林。性较活跃，集小群，常悬飞于枝叶间。鸣声似轻声而快速的虫鸣般的降调颤音。繁殖于有云杉和刺柏的松柏林上层。

翠湖湿地 罕见记录。仅观测于 10 月。栖息于林地。

203 鳞头树莺

LC *Urosphena squameiceps* | Asian Stubtail

形态特征： 体长 9~11cm，小型鸣禽。雌雄相似。头顶暗褐色，具细小鳞状斑，皮黄色眉纹长，延伸至枕部，贯眼纹黑色，上喙暗黑褐色，下喙黄褐色，长而健壮；上体褐色；下体污白色，两胁、臀及尾下覆羽皮黄色；尾甚短；跗跖偏粉色。

生活习性： 栖息于针阔混交林和阔叶林及茂密的矮树灌丛，在北京繁殖于西部和北部海拔1000~1500m 的林地，非繁殖期见于低海拔地区和平原，为区域性常见夏候鸟和旅鸟；常单独或成对活动；性隐蔽，食昆虫，觅食时十分活跃，不停跳动；营巢于林下茂密的灌木丛、草丛中，地面巢。

翠湖湿地 罕见记录。观测于 5 月。栖息于灌丛。

204 强脚树莺

LC *Horornis fortipes* | Brownish-flanked Bush Warbler

形态特征：体长 11~12.5cm，小型鸣禽。雌雄相似。眉纹皮黄色，于眼后变得不清晰，喙尖细，近黑色，下喙基部黄褐色；上体褐色，两翼黑褐色，羽缘橄榄褐色；下体偏灰白色，胸侧、两胁及尾下覆羽淡皮黄色；跗跖和趾较强壮，淡褐色。幼鸟体羽偏黄色。

生活习性：栖息于海拔 2000m 以下的林地、灌木丛和草丛中。罕见于北京，夏季于西部山区有零星记录，非繁殖期偶见于平原地区的城市公园中。常单独或成对活动；性隐蔽，在灌木丛和草丛中不停穿梭跳动，鸣声响亮，以昆虫和植物性食物为食；营巢于灌木丛和草丛的近地面处。

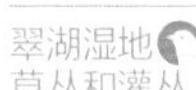

翠湖湿地 罕见记录。观测于 6 月。栖息于林地、草丛和灌丛。

205 银喉长尾山雀

市 LC *Aegithalos glaucogularis* | Silver-throated Bushtit

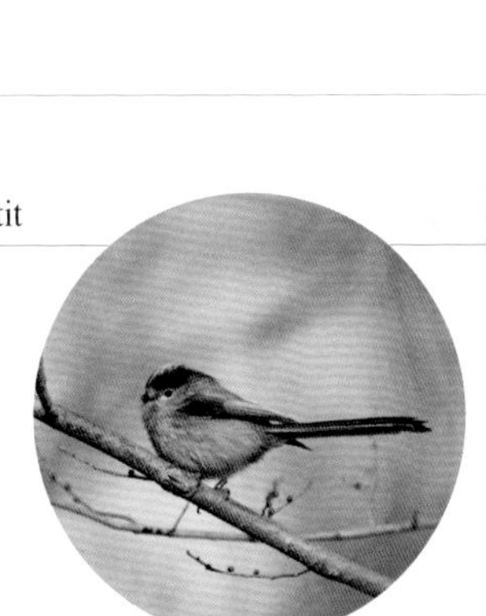

形态特征：体长 13~16cm，雌雄相似。成鸟头顶及枕部黑色，具白色顶冠纹，颈侧、颊、眼先，额基和颏污白，喉具黑斑，喙细小而黑；背、腰及肩灰色，腰部具一粉红色窄带但通常不可见，飞羽大部分黑灰色，三级飞羽及内侧次级飞羽羽缘灰白，翼上覆羽深黑色，翼下覆羽及腋羽污白色；下体亦为污白色但常沾粉红色；尾细长，尾羽深灰黑色，最外侧 3 对尾羽翈污白色；跗跖黑色。

生活习性：活动于阔叶林林缘和灌丛，也出现于城市园林中。在北京为常见留鸟，见于树林、灌丛及公园等环境。常集群出现，有时甚喧闹。鸣声简单，通常为平调的尖锐金属音“吁—吁—”，似北长尾山雀的鸣叫声，无类似山雀的婉转鸣啭。在树侧枝上筑椭球形巢；窝卵数 5~10 枚。

翠湖湿地 全年可见。栖息于林地、灌丛。

206 白喉林莺

LC *Curruca curruca* | Lesser Whitethroat

形态特征：体长 12.5~14cm，体形修长的小型鸣禽。雌雄相似。头部灰色，耳羽和眼先深黑灰色，喉部白色；上体棕褐色，两翼灰褐色；下体偏灰色，胸侧和两胁棕黄色；尾羽较长，除外侧尾羽偏白色外，其余尾羽黑灰色；跗跖黑色。

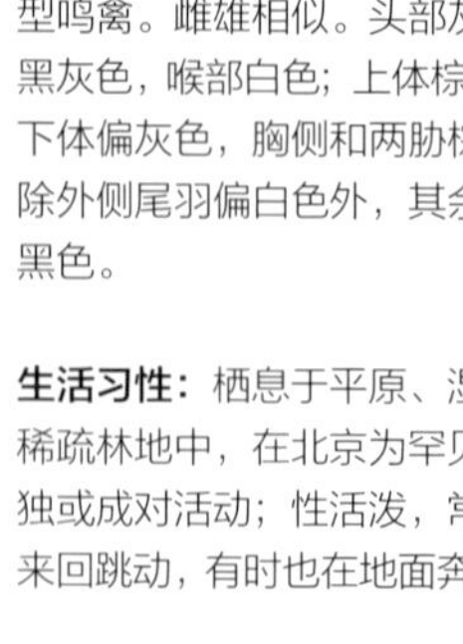

生活习性：栖息于平原、湿地等地的灌木丛或稀疏林地中，在北京为罕见旅鸟和冬候鸟；单独或成对活动；性活泼，常在灌木丛和树枝间来回跳动，有时也在地面奔跑，鸣声婉转复杂，主要以鞘翅目昆虫为食；繁殖期 5~7 月，营巢于茂密的灌木丛中，呈杯状。

翠湖湿地 罕见记录。观测于 12 月。栖息于灌丛。

207	山鹛
市 LC	*Rhopophilus pekinensis* | Beijing Hill-Warbler

形态特征：体长16~18cm，体型似莺、行为似鹛的中型鸣禽。雌雄相似，全身褐色。头顶、背部至尾上覆羽具显著黑褐色纵纹，眉纹浅灰色，灰黑色贯眼纹和髭纹显著，虹膜黄褐色，喙浅灰色，下喙偏粉色，喙尖颜色稍深，较短粗，略向下弯；喉至前胸白色，下体白色带有红褐色纵纹，两胁和尾下覆羽皮黄色；尾灰褐色，长，展开呈扇形，外侧尾羽羽端白色；跗跖灰褐色。

生活习性：在北京主要在山地灌木丛中活动，冬季越冬于平原地区的灌木丛和芦苇丛中，留鸟。常集小群活动；性活泼，在树枝间来回穿梭跳动，作短距离飞行，善鸣叫，音调多变动听，以昆虫和虫卵为食，也吃少量植物种子；繁殖期5~7月，营巢于灌木或树木下部的树杈上，呈深杯状。

翠湖湿地 罕见记录。观测于12月。栖息于灌丛。

208 棕头鸦雀

市 | LC | *Sinosuthora webbiana* | Vinous-throated Parrotbill

形态特征： 体长 11~13cm，尾长的小型鸣禽。雌雄相似。头顶和飞羽棕褐色，虹膜黑褐色，喙暗灰色，短小，基部黄褐色，喉部粉红色，至胸部加深；下体颜色较浅；尾羽长，凸状尾；跗跖暗灰色。

生活习性： 栖息于中低海拔地区的灌木丛、芦苇丛和城市园林中，在北京为常见留鸟；性喧闹，常集小群攀援、穿梭于林下植被和低矮树丛中；通常作短距离飞行，高度很低，飞行时有一颠一颠的感觉，鸣声为持续而微弱的叽喳声，常用喙剥开芦苇，以其中的虫卵为食；繁殖期 4~8 月，营巢于灌木丛或小树上，呈小巧杯状。

翠湖湿地：全年可见。栖息于灌丛、芦苇荡。

209 震旦鸦雀

NT *Paradoxornis heudei* | Reed Parrotbill

形态特征: 体长18~20cm，中型鸣禽。雌雄相似。额部、顶冠和枕部灰色，黑褐色眉纹粗重，眼先黑褐色，虹膜深黑褐色，喙黄色，粗厚，喉和前胸灰白色；上背黄褐色，通常具黑色纵纹，下背黄褐色，初级飞羽和外侧次级飞羽浅褐色，内侧次级飞羽和三级飞羽黑褐色，具白色羽缘；胸下部及两胁棕红色，腹部中央偏白色，跗跖肉粉色；尾长，中央尾羽灰褐色，其余尾羽黑色且具白色端斑。

生活习性: 栖息于芦苇丛中，我国的珍稀鸟种，世界性近危。在北京为留鸟。常成对或集群活动；性活泼，喜在芦苇丛中穿梭、攀缘，很少作长距离飞行，用喙剥开芦苇，以其中的虫卵为食；营巢于芦苇丛中。

翠湖湿地 偶见于冬季。观测于1~2月。栖息于芦苇荡。

210 暗绿绣眼鸟

市 LC *Zosterops simplex* | Swinhoe's White-eye

形态特征： 体长 10~11.5cm，小型鸣禽。雌雄相似。头部及上体橄榄绿色，白色眼圈显著，眼先和虹膜黑褐色，黑灰色喙细而尖；颏、喉和尾下覆羽淡黄色，翼上覆羽橄榄绿色，飞羽暗绿色；下体其余部分灰色；尾羽暗绿色、短；跗跖铅灰色。

生活习性： 栖息于林地和灌木丛的上层，在北京为常见旅鸟，在山地林区为不常见夏候鸟；常集小群活动，有时与红胁绣眼鸟混群，迁徙时可集数百只大群；喜在树冠层或高处跳动，性活跃，主要以昆虫和一些植物为食；营巢于树上或灌木丛中。

翠湖湿地 春季、秋季迁徙可见。观测于 5 月、9~10 月。栖息于林地。

211 红胁绣眼鸟

国 II LC *Zosterops erythropleurus* | Chestnut-flanked White-eye

形态特征： 体长 10.5~11.5cm，小型鸣禽。雌雄相似。雄鸟头部和上体黄绿色，眼先和虹膜黑褐色，白色眼圈显著，黑灰色喙细而尖；颏、喉、腰、尾上覆羽和尾下覆羽亮黄色，翼上覆羽嫩绿色，飞羽暗绿色；下体大部分灰白色，两胁栗红色；尾羽灰绿色、短；跗跖铅灰色。雌鸟胁部栗红色稍淡。

生活习性： 栖息于中低海拔的原始林和次生林中，在北京为常见旅鸟；常成对或集小群，有时与暗绿绣眼鸟混群，迁徙时可集数百只大群；喜在树冠层或高处活动，活泼好动，食昆虫和成熟的果实；繁殖期 4~7 月，营巢于树上或灌木丛中，呈吊篮状或杯状，一年繁殖 1~2 窝。

翠湖湿地 春季、秋季迁徙可见。观测于 5 月、9~10 月。栖息于林地。

212 红嘴相思鸟

国 II | LC

Leiothrix lutea | Red-billed Leiothrix

形态特征： 体长 14~15cm，小型鸣禽。雌雄相似。雄鸟眼先、眼周淡黄色，耳羽浅灰色，喙红色，颏、喉黄色，至前胸过渡为橙黄色；上体暗灰绿色，两翼灰黑色，具黄色和红色翼斑，初级飞羽外翈羽缘黄色；下胸、腹和尾下覆羽黄白色，两胁橄榄绿灰色；尾偏黑色、分叉；跗跖黄褐色。雌鸟眼先白色微沾黄色，翼斑为黄色和橙黄色。

生活习性： 栖息于海拔 800~2400 米的阔叶林、混交林或灌木丛，冬季到低山、平原地区越冬。繁殖期成对活动，其余多为集小群活动，喜快速穿梭于林下或攀爬树枝，在地面觅食，主要以毛虫、甲虫、蚂蚁等昆虫为食，也吃植物果实、种子等植物性食物，鸣声欢快，加之羽色艳丽，常作为笼养鸟；因被大量非法捕捉，野外种群数量明显减少。

翠湖湿地 偶见于冬季。观测于 11 月。估计为放生种或逃逸种。栖息于翠湖湿地林地、灌丛。

213 黑脸噪鹛

LC

Pterorhinus perspicillatus | Masked Laughingthrush

形态特征： 体长 26~32cm，大型鸣禽。头顶至后颈、颏、喉灰褐色，额、眼先、眼周、颊、耳羽黑色，形成一条围绕额部至头侧的宽阔黑带，状如一副黑色眼镜，极为显著，喙黑褐色；背暗灰褐色；胸、腹灰白色；尾上覆羽和尾羽土褐色，外侧尾羽羽端为宽阔深褐色，尾下覆羽黄褐色；跗跖淡褐色。

生活习性： 栖息于低海拔的浓密灌木丛、竹丛、芦苇丛、农田和城镇公园中，成对或集群活动；喜在树木和灌木丛间来回蹦跳、穿梭，一般不作长距离飞行，飞行姿态笨拙，召唤声和告警声响亮刺耳，多在地面觅食，杂食性，以昆虫为主，也吃其他无脊椎动物、植物果实、种子和部分农作物；繁殖期 4~7 月，营巢于距地 1m 至数米高的灌木枝桠上。

翠湖湿地 罕见记录，估计为放生种或逃逸种。观测于 3 月、8 月、11 ~ 12 月。栖息于林地、灌丛。

214	
市	LC

山噪鹛

Pterorhinus davidi | Plain Laughingthrush

形态特征：体长22~27cm，中型鸣禽。雌雄相似，全身黑褐色。眼先、颏颜色略深，鼻孔被须羽完全遮盖，喙浅黄色，喙尖偏绿色，下弯；飞羽和尾羽沾灰色；尾羽末端近黑色；跗跖褐色。

生活习性：栖息于山地环境中，在北京山区为常见留鸟，冬季有时在平原地区越冬。常单独或集小群活动；在浓密的山地灌木丛中穿梭，性喧闹，鸣声复杂多变、动听，鸣叫时常振翅展尾，在树枝上不停跳动，夏季主要吃昆虫，冬季以植物种子为主；营巢于灌木丛中，呈浅杯状。

翠湖湿地 全年可见。栖息于灌丛或林下灌丛。

215	
市	LC

黑头䴓

Sitta villosa | Chinese Nuthatch

形态特征：体长10~11cm，小型鸣禽。雄鸟头顶黑色，具显著白色眉纹和黑色贯眼纹，喙强壮，上喙和喙尖灰黑色，下喙基部铅灰色，颏、喉和脸侧白色；上体蓝灰色，两翼褐灰色，初级飞羽外翈颜色较深。下体浅棕黄色；尾短，中央尾羽蓝灰色，两侧尾羽黑色、具白色端斑或次端斑；跗跖灰褐色。雌鸟头顶灰色，上体蓝灰色和下体浅棕黄色均较雄鸟淡。

生活习性：栖息于中低海拔山区和低海拔平原的针叶林和针阔混交林。在北京为常见留鸟。成对或集群活动；活泼敏捷，能沿树干垂直向上或向下攀爬，也能沿树干螺旋式上下攀缘，边攀爬边啄食树皮中的昆虫；繁殖期5~7月，营巢于树洞中。

翠湖湿地 全年可见。栖息翠湖湿地林地。

216 鹪鹩

LC *Troglodytes troglodytes* | Eurasian Wren

形态特征：体长 9~11cm，体态短圆的小型鸣禽。雌雄相似，全身棕褐色。头和枕部棕色，具偏白色眉纹和黑褐色贯眼纹，头侧羽具棕黑色小点和棕白色细纹，喙尖细，深灰黑色；上背至尾、两胁、腰腹部及尾下覆羽布满黑褐色横斑，两翼褐色，具乳白色斑点；下体棕褐色，较上体颜色稍浅；尾短小，停歇时常上翘；跗跖褐色。

生活习性：在北京高海拔山区栖息于林下潮湿的多石环境，为区域性常见夏候鸟，在平原栖息于水边，为旅鸟或冬候鸟。常单独活动；活泼好动，在水边潮湿的石缝或茂密的植被中穿梭，尾常上翘，以昆虫为食，鸣声婉转悦耳；繁殖期 4~9 月，每年两次，营巢于岩石缝隙、岩洞或树洞中，巢呈深碗状或圆屋顶状。

翠湖湿地 冬候鸟。观测于 1~3 月、10~12 月。栖息于岸边、灌丛、芦苇荡。

217 八哥

LC *Acridotheres cristatellus* | Crested Myna

形态特征： 体长23~28cm，中型鸣禽。雌雄相似。全身大部为乌黑色。头部有蓝绿色金属光泽，额基处有明显簇状羽，虹膜橙色，喙象牙色，下喙基部粉红色，喙尖略弯；上体有浅紫褐色金属光泽，翼上覆羽深黑色，初级飞羽基部和初级覆羽白色，形成醒目的白斑；翼下覆羽具白斑，停栖时不易见，飞行时清晰可见；黑色尾羽较短，外侧尾羽羽端白色；尾下覆羽黑色，具白色横斑；跗跖暗黄色。

生活习性： 栖息于城市、乡村、城市园林等多种生境。在北京为区域性常见留鸟。成对或集群活动；在地面上行走觅食，杂食性，主要以昆虫、蚯蚓、植物根茎为食，在郊区常在垃圾堆中觅食，善鸣叫，鸣声嘹亮，可模仿人说话；单配制，可终年维持配对，营巢于树洞、墙洞、电线杆等处。

翠湖湿地 春季可见。观测于 3 月、5 月、6 月。栖息于林地、草地。

218		丝光椋鸟
市	LC	*Spodiopsar sericeus* | Red-billed Starling

形态特征：体长18~23cm。中型鸣禽。雄鸟头部、枕部和喉部灰白色，具丝状羽，虹膜黑色，喙橙红色，喙尖黑色；头胸交界处具深灰色领环，肩部和背部青灰色，两翼和尾羽黑色，带绿色金属光泽，飞行时初级飞羽大块白斑显著，停栖时翼斑隐约可见，尾上覆羽和腰部浅灰色；下体其余灰白色；跗跖橙黄色。雌鸟羽色稍淡，头、上体和下体均为淡灰褐色。

生活习性：栖息于平原、耕地、林地和城市公园中。在北京为常见夏候鸟。常集群活动；在地面觅食，主要以昆虫为食，偶尔取食植物果实和种子，鸣声复杂多变；营巢于树洞中。

翠湖湿地 偶见于春季。观测于5月。栖息于林地。

219 灰椋鸟

LC *Spodiopsar cineraceus* | White-cheeked Starling

形态特征：体长19~23cm，中型鸣禽。雄鸟头部和枕部深灰黑色，额基至眼上方杂以灰白色，眼先下方和耳羽近白色，喙橙红色，颏、喉、颈侧和胸部深灰黑色；背部和肩部暗灰色，腰部白色，飞行时显著；下体余部暗灰色，尾上覆羽灰白色，尾下覆羽污白色；尾羽深灰褐色，尾平，外侧尾羽具白色端斑；跗跖橙黄色。飞行时身体似三角形。雌鸟头颈和胸部灰黑色稍淡，耳羽白色面积较小。

生活习性：栖息于树林、公园和农田等环境中。在北京全年可见。常集群活动；在地面行走觅食，主要以昆虫为食，也吃少量植物果实与种子；营巢于树洞中。

翠湖湿地 全年可见。栖息于林地、草地。

220 北椋鸟

LC *Agropsar sturninus* | Daurian Starling

形态特征：体长 16~19cm，中型鸣禽。雄鸟头顶至背部灰色，枕部具紫黑色斑，喙黑色；背部泛亮紫色光泽，上体余部紫黑色、有光泽，两翼黑褐色，泛墨绿色光泽，具显著白色翼斑，尾上覆羽灰褐色；颏至下体几乎均为淡灰色；尾羽墨绿色，带金属光泽，外侧尾羽外翈羽缘棕白色；跗跖灰绿色。雌鸟头灰褐色，枕部无紫黑色斑；上体、两翼及尾土褐色，无金属光泽。

生活习性：栖息于低海拔地区和平原的树林、灌木丛、农田、城市公园中，在北京为罕见旅鸟和夏候鸟；常单独或集小群活动，迁徙时集大群；飞行时快速且沿直线，振翅快、幅度较大，主要以昆虫为食，也吃植物果实和种子；5 月进入繁殖期，营巢于树洞中。

翠湖湿地 夏候鸟。观测于 5~7 月。栖息于林地、草地。

221 白眉地鸫

LC *Geokichla sibirica* | Siberian Thrush

形态特征：体长 20~23cm，中型鸣禽。雄鸟头、上体、尾羽及下体大部分深蓝灰色，白色眉纹显著，喙黑褐色，下喙基部黄褐色；飞羽暗褐色。翼下覆羽羽端、腹部中央、外侧尾羽羽端均为灰白色，尾下覆羽具白斑；跗跖橙黄色。雌鸟头顶和上体橄榄褐色，眉纹、颊、耳羽和颏皮黄色带橄榄褐色斑；翼上橄榄褐色，具皮黄色、不明显翼斑；胸、腹、胁偏白色，具鳞状褐色斑；外侧尾羽羽端白色。

生活习性：栖息于林地或林缘地带，城市公园中偶有记录，在北京为罕见旅鸟；单独或成对活动；性隐蔽，藏匿于茂密林间，在地面觅食，主食昆虫，也吃植物性食物；繁殖期 5~7 月，营巢于沟谷与溪流沿岸的针叶林和针阔混交林中。

翠湖湿地 罕见记录。观测于 5 月。栖息于林地。

222 虎斑地鸫

LC *Zoothera aurea* | White's Thrush

形态特征：体长26~30cm，中型鸣禽。雌雄相似。头部和上体亮褐色，密布带金黄色羽缘的黑色鳞状斑，耳羽处具一月牙状黑斑，眼先白色，眼下黑白驳杂，上喙深褐色，下喙大部黄色，颏、喉至尾下覆羽白色，具黑色鳞状斑，胸侧更为显著；飞羽黑褐色，羽缘淡黄褐色，次级飞羽下具一道显著白斑；尾长，中央尾羽亮褐色，外侧尾羽黑褐色，最外侧两对尾羽外缘白色；跗跖偏粉色。

生活习性：栖息于山区林地、城市公园和林缘地带，在北京为不常见旅鸟；常单独活动；性隐蔽，在地面行走觅食，受惊即飞至树上，以昆虫和野果为主要食物，也吃杂草种子；繁殖期5~8月，营巢于针叶林、阔叶林或混交林中树上。

翠湖湿地 偶见于春季。观测于5月。栖息于林下。

223 灰背鸫

LC *Turdus hortulorum* | Grey-backed Thrush

形态特征：体长18~23cm，中型鸣禽。雄鸟头、背部、上胸部、两翼和尾羽均为青灰色，眼先颜色略深，喙黄色，喉部灰白色；下胸、两胁和侧腹部橙色，下体余部白色；跗跖黄褐色。雌鸟头、背部和两翼土褐色，上喙黑褐色，下喙基部暗黄色，颏、喉及上胸黄白色具黑色斑点；大覆羽和飞羽偏棕色。雄性亚成鸟灰色较成年雄鸟淡，颏、喉及上胸似雌鸟。

生活习性：栖息于林地和城市公园中，偶有越冬记录，在北京主要为不常见旅鸟；繁殖期单独或成对活动，越冬时集松散小群；繁殖期和迁徙时较隐蔽，常藏身于树冠层，主要以昆虫为食；繁殖期5~8月，营巢于林间树上较低处。

翠湖湿地 罕见记录。观测于2月。栖息于林地。

224 乌鸫

市 | LC

Turdus mandarinus | Chinese Blackbird

形态特征： 体长 28~29cm，中型鸣禽。雄鸟全身黑色，略具光泽；眼圈和喙黄色；跗跖黑褐色。雌鸟全身深黑褐色，颏、喉、上胸具不明显暗色纵纹。幼鸟头顶褐色，喉、胸污白色，胸前具黑色细斑。

生活习性： 栖息于低海拔平原的城市园林、林地和草地中，在北京为常见留鸟和夏候鸟；有时集小群活动；停栖时翅略下垂，性胆大，喧闹，繁殖季常站在高处鸣叫，鸣声复杂多变，善模仿，在地面上奔走觅食，食物包括昆虫、蚯蚓、种子和浆果；营巢于树上，呈碗状。

翠湖湿地 全年可见。栖息于林地、草地。

225 白眉鸫

LC *Turdus obscurus* | Eyebrowed Thrush

形态特征：体长 20~24cm，中型鸣禽。雄鸟头部和颈侧灰褐色，白色眉纹显著，眼先黑褐色，眼下白色，上喙和喙尖黑褐色，下喙基部黄褐色，喉深灰色，颏近白色；背、腰和尾上覆羽棕褐色，两翼大部分棕褐色，初级飞羽黑褐色，羽缘浅黄褐色；上胸、胸侧和两胁黄褐色，腹部和尾下覆羽近白色；跗跖黄褐色。雌鸟头颈部褐色较深，下颊纹灰白色并延伸至颈侧，颏、喉污白色；胸和两胁污棕黄色。

生活习性：栖息于公园、果园等林地和灌木丛中，在北京为不常见旅鸟；单独或成对活动；较机警，受到惊扰后立即飞到树上长时间站立停留，多在地面觅食，主要以昆虫、蚯蚓为食；繁殖期 5~7 月，常营巢于溪水边的针阔混交林中。

翠湖湿地 罕见记录。观测于 5 月。栖息于林地。

226 褐头鸫

国Ⅱ VU

Turdus feae | Grey-sided Thrush

形态特征：体长 22~23.5cm，中型鸣禽。雌雄相似。雄鸟头部和上体深褐色，眉纹白色，眼先黑色，眼下有一弧形白色纹，上喙和喙尖黑色，下喙基部黄色，喉部至胸部暗灰色；两翼棕色，初级飞羽黑褐色；腹部和尾下覆羽灰白色，两胁灰色更深；跗跖暗黄色。雌鸟似雄鸟，眼先深棕色，喉部颜色较淡。幼鸟具白色翼斑；下体皮黄色，密布深褐色鳞状斑。

生活习性：栖息于中等海拔的山区林地中，过境时在城市公园偶有记录。在北京为罕见夏候鸟和旅鸟。常单独或成对活动；性胆怯，常藏匿于针叶林和针阔混交林中，繁殖期喜在树冠层鸣叫，主要以各种昆虫为食，也吃植物果实与种子；营巢于针叶树上或灌木丛中。

翠湖湿地 罕见记录。观测于 6 月。栖息于林地。

227 赤颈鸫

LC *Turdus ruficollis* | Red-throated Thrush

形态特征：体长 22~25cm，中型鸣禽。雄鸟头顶、耳羽和上体浅灰褐色，眼先黑色，眉纹、颊、颏、喉部、颈侧及上胸棕红色，上喙和喙尖黑褐色，下喙基部黄色；飞羽深灰色，翼下覆羽淡棕色；胸下部至尾下覆羽白色，带淡灰褐色斑点；中央尾羽深棕色，其余尾羽棕红色；跗跖褐色。雌鸟上体羽色似雄鸟，喉部羽色较浅，颊、颏、喉及前胸夹杂不明显黑斑；下体灰褐色斑纹更显著。

生活习性：栖息于平原和山区的农田、灌木丛、林地和公园中。在北京为常见冬候鸟和旅鸟。集松散群活动，有时与其他鸫类混群；多在地面觅食，以昆虫为主，冬季以浆果为食；繁殖期 5~7 月，营巢于小树枝上，呈碗状。

翠湖湿地 偶见于春季。观测于 4 月。栖息于林地。

228	黑喉鸫
LC	*Turdus atrogularis* | Black-throated Thrush

形态特征：体长 22~26cm，中型鸣禽。雄鸟头部至背部灰褐色，具黑色眉纹。上喙和喙尖黑褐色，下喙基部黄色，颊、喉部和胸黑色，非繁殖期具白色纵纹；翼下覆羽棕色；腹部和尾下覆羽白色，杂以浅褐色斑点；跗跖偏褐色。雌鸟眉纹灰白色，喉部灰褐色；喉部至下体褐色纵纹较雄鸟多。幼鸟喉部色浅；两肋具深色纵纹；尾羽基部深灰色。

生活习性：栖息于平原和山区的灌木丛和林地，在北京为不常见冬候鸟和旅鸟；集松散群活动，有时与其他鸫类混群；较大胆，停栖于树木上部，在地面觅食，喜并足长跳。

翠湖湿地 偶见于春季。观测于 4 月。栖息于林地。

229 斑鸫

LC *Turdus eunomus* | Dusky Thrush

形态特征： 体长19~24cm，中型鸣禽。雄鸟头顶、耳羽至颈后深灰黑色，眉纹、眼下、颏和颈侧白色或皮黄色，上喙和喙尖黑褐色，下喙基部黄色，喉白色，带黑褐色细纹；上背黑褐色，羽缘皮黄色，与棕色翼上覆羽对比明显，下背至尾上覆羽棕褐色，翼下覆羽棕红色；胸口由黑色鳞纹构成完整胸带，腹部中央和尾下覆羽近白色，两胁和侧腹部黑色，羽缘白色，形成鳞状斑；跗跖暗褐色。雌鸟头及上体橄榄褐色，眉纹皮黄；翼上偏棕色；下体黑色稍浅。

生活习性： 栖息于林地、灌木丛、草地和城市绿地中，在北京林地环境中属于常见旅鸟和冬候鸟；集小群或大群活动，多与红尾斑鸫混群；较胆大、喧闹，在地面觅食，走与蹦跳结合，以昆虫为主食，也吃浆果和种子；繁殖于开阔林地或山区。

翠湖湿地 春季可见。观测于3~5月。栖息于灌木丛、林地、草地。

230 红尾斑鸫

LC *Turdus naumanni* | Naumann's Thrush

形态特征：体长20~24cm，中型偏红色的鸫。雄鸟头顶、耳羽、后颈至上背橄榄褐色，眉纹、眼下、颏、喉至上胸棕红色，眼先黑褐色，髭纹处具少量黑斑，上喙和喙尖黑褐色，下喙基部黄色；翼上覆羽橄榄褐色，具棕红色斑点，翼下覆羽棕红色；下胸、两胁、侧腹部和尾下覆羽棕红色，羽缘白色，形成鳞状斑，腹部中央近白色；中央一对尾羽黑褐色，外侧尾羽外翈棕褐色，外翈黑褐色，最外侧一对尾羽棕红色；跗跖褐色。雌鸟头部和上体灰色以及下体棕红色均较雄鸟浅，喉和上胸黑斑较多；尾羽颜色略深。

生活习性：栖息于林地、灌木丛、草地和城市绿地中，在北京为常见冬候鸟和旅鸟；集小群或大群活动，有时与其他鸫类混群；较胆大、喧闹，在地面觅食，走与蹦跳结合，以昆虫为主食，也吃浆果和种子；繁殖于开阔林地。

翠湖湿地 冬候鸟。观测于1~5月、11~12月。栖息于灌丛、林地、草地。

231 宝兴歌鸫

市 LC *Turdus mupinensis* | Chinese Thrush

形态特征：体长20~24cm，中型鸣禽。雌雄相似。头顶、上体、尾羽及两翼橄榄褐色，耳后具一显著月牙状黑斑，眉纹、眼先和颊污白色，杂以不明显褐色斑点，髭纹黑色，上喙和喙尖灰黑色，下喙基部暗黄色，颏、喉近白色；中、大覆羽羽端皮黄色，形成两道翼斑；胸部至下体白色，除尾下覆羽外密布黑色圆斑，胸侧和两胁微沾黄；尾羽暗褐色；跗跖肉粉色。雌鸟羽色稍暗淡。

生活习性：繁殖于中高海拔山区的阔叶林和混交林中，迁徙时见于平原林地和林下草地中，冬季在近山平原地区有零星记录，在北京多为不常见夏候鸟；单独或集小群活动；性机警，鸣声动听多变，善模仿，常在地面觅食，以昆虫为食；繁殖期为5~7月，营巢于阔叶树上。

翠湖湿地 春季、秋季迁徙可见。观测于5月、10月。栖息于灌丛、林下。

232 红尾歌鸲

LC *Larvivora sibilans* | Rufous-tailed Robin

形态特征： 体长 13~15cm，小型鸣禽。雌雄相似。雄鸟上体橄榄褐色，眉纹皮黄色，仅在眼前段，颊黄褐色，具皮黄色细纹，喙黑褐色，颏、喉污灰白色，具暗褐色斑点；胸及上腹皮黄色，具暗橄榄褐色鳞状斑纹，两胁褐色；尾羽棕红色；跗跖偏粉色。雌鸟颜色略暗淡。

生活习性： 栖息于开阔林地、城市园林和灌木丛，在北京为不常见旅鸟；常单独或成对活动；喜在林下地面活动，善快速奔走，不时上下抖尾，性胆怯，受到惊吓后躲至灌木丛中，主食昆虫；繁殖期 6~7 月。

翠湖湿地 罕见记录。观测于 10 月。栖息于灌丛。

233 蓝歌鸲

LC *Larvivora cyane* | Siberian Blue Robin

形态特征： 体长 12~14cm，小型鸣禽。雄鸟上体深蓝色，贯眼纹、眼先、下颊、颈侧和胸侧黑色，喙黑色，下体自颏至尾下覆羽白色；尾羽深蓝色，短；跗跖粉色。雌鸟上体橄榄褐色，眼圈淡棕色；腰和尾上覆羽略显蓝色；喉、胸皮黄色，胸部具不显著褐色鳞状斑，两胁浅棕色。

生活习性： 繁殖期见于山区的混交林和针叶林的林缘地带，迁徙季见于城市公园、林地和灌木丛下部，在北京为常见夏候鸟和旅鸟；常单独或成对在地面活动；性胆怯，善快速奔走，行走时常上下摆尾，主要以昆虫为食；营巢于山区林下地面或草丛中。

翠湖湿地 春季、秋季迁徙可见。观测于 5 月、9 月。栖息于林地、灌丛。

234 红喉歌鸲

国II | LC | *Calliope calliope* | Siberian Rubythroat

形态特征：体长14~16cm，小型鸣禽。雄鸟额及头顶棕色，具醒目的白色眉纹和颊纹，眼先黑色，颏及喉部红色，有时可见两侧黑色边缘；上体橄榄褐色；胸灰色，腹部及尾下覆羽皮黄白色，两胁皮黄色；尾褐色；跗跖粉褐色。雌鸟整体较雄鸟暗淡，具白色眉纹，颏及喉部白色，老龄个体或见少许红色；胸近褐色。

生活习性：栖息于平原地带的灌木丛、芦苇丛或树林间。在北京为区域性常见旅鸟。常单独或成对，迁徙时可见小群；多隐藏在灌木丛下，在地面奔走觅食，鸣声多韵而悦耳，善效鸣。主要以昆虫为食；营巢于茂密灌木丛、草丛隐蔽的地面上，呈椭圆形，上有圆顶覆盖，侧面开口。

翠湖湿地 春季、秋季迁徙可见。观测于5月、9月。栖息于林地、灌丛。

235 蓝喉歌鸲

国 II　LC　*Luscinia svecica* | Bluethroat

形态特征： 体长 14~16cm，小型鸣禽。雄鸟头顶至尾上覆羽灰褐色，眉纹污白色，眼先黑褐色，颊红褐色，喙黑色，颏喉部和胸部蓝色，喉中央具椭圆形栗色斑块；下胸具栗色横斑带，腹部至尾下覆羽污白色；中央尾羽黑褐色，外侧尾羽端部灰褐色，飞行时可见棕红色基部；跗跖褐色。雌鸟较雄鸟色暗淡，眉纹黄白色，颏喉及胸白色，具黑褐色斑纹，形成喉侧纵纹和胸带，有时具蓝色或橙色斑点。

生活习性： 栖息于芦苇丛、园林灌丛中，在北京为区域性常见旅鸟；常单独或成对活动，迁徙时可见分散小群；不时上下抖尾或展开尾羽，性羞怯，多隐藏在林下地面、灌木丛或芦苇丛下部，鸣声婉转多变，善模仿，在地面奔走觅食，主要以昆虫为食；繁殖期 5~7 月，营巢于灌木丛或草丛中的地面上。

翠湖湿地：春季、秋季迁徙可见。观测于 4~5 月、9 月。栖息于灌丛、芦苇荡。

236 红胁蓝尾鸲

市 | LC *Tarsiger cyanurus* | Orange-flanked Bush-robin

形态特征： 体长12~14cm，小型鸣禽。雄鸟头顶至背部灰蓝色，耳羽深褐色，具黑色细纹，眉纹白色沾蓝色，眼先和颊黑色，喙黑色，颏喉部至胸部白色；头顶两侧、肩、腰、翼上覆羽和尾上覆羽亮蓝色，飞羽暗褐色沾蓝色；腹部至尾下覆羽皮黄色。两胁橙红色延伸至胸侧；尾羽蓝色。雌鸟上体橄榄褐色；腰和尾上覆羽灰蓝色；两胁橙红色较淡；跗跖红褐色。

生活习性： 栖息于林下地面、灌木丛、芦苇丛中。在北京为常见旅鸟。常单独或成对活动，迁徙时可见分散小群；不甚惧人，站立时常上下抖尾，鸣声婉转，地栖性，在地面奔走觅食，主要以昆虫为食；营巢于土洞或树洞中。

翠湖湿地 迁徙季节可见，偶见于冬季。栖息于灌木丛、林地、草地。

237 北红尾鸲

LC *Phoenicurus auroreus* | Daurian Redstart

形态特征：体长 13~15cm，小型鸣禽。雄鸟头顶至后颈灰白色，眼先、颊、颏、喉至上胸黑色，喙黑色；上背和肩黑色，两翼黑色，次级飞羽基部白色，形成三角形白色翼斑；下背至尾上覆羽以及下体橘红色；中央尾羽暗褐色，其余尾羽橘红色；跗跖黑色。雌鸟上体大部分及两翼棕褐色，翼上三角形白色翼斑稍小；下体棕黄色，腰和尾羽有时沾橘红色。

生活习性：栖息于灌木丛、阔叶林地中，在北京平原地区为多为旅鸟和冬候鸟，中低海拔山区和近山平原多为夏候鸟；常单独或成对活动；喜站在显眼处点头、抖尾，鸣声婉转多变；繁殖期 4~7 月，营巢于岩石缝隙或树洞中。

翠湖湿地 全年可见。栖息于灌木丛、林地、草地。

238 东亚石䳭

NE *Saxicola stejnegeri* | Stejneger's Stonechat

形态特征：体长 12~14cm，小型鸣禽。雄鸟头部黑色，喙黑色，颈侧具显著白斑；背部黑褐色，两翼黑色，具明显白斑，腰和两胁白色；下体浅棕色，胸部棕色；尾黑色；跗跖黑褐色。雌鸟上体和两翼棕褐色，喉及颈侧污白色；下体皮黄色。雄鸟非繁殖羽似雌鸟，但头部仍偏黑色。

生活习性：栖息于低山、平原、沼泽、旷野等地的灌木丛中，在北京为常见旅鸟；常单独或成对活动；喜停歇于突出的低矮树枝，俯冲至地面捕捉猎物，主要以昆虫为食，也吃少量植物果实和种子。

翠湖湿地 春季、秋季迁徙可见。观测于 4~5 月、9~10 月。栖息于灌丛、芦苇荡。

239	北灰鹟
LC	*Muscicapa dauurica* | Asian Brown Flycatcher

形态特征: 体长12~14cm，小型鸣禽。雌雄相似。头部灰褐色，眼先和眼圈白色，喙较长，黑色，下喙基部黄色显著，颏、喉和下体污白色；背和两翼浅灰褐色，翼上新羽具狭窄白色翼斑，初级飞羽较短，翼尖长不到尾长一半；颈和胸腹部灰白色，少纵纹；尾浅灰褐色；跗跖黑色。

生活习性: 栖息于郊野和城市公园的开阔林地中，在北京为区域性常见旅鸟；常单独活动；喜在树林冠层和中层活动，较少在地面活动，常做独特摆尾动作，常站立于树木横枝上休息和觅食，发现昆虫后追至空中捕捉后返回原处；繁殖期5~7月，营巢于林中乔木枝杈上。

翠湖湿地 春季、秋季迁徙可见。观测于5月、9月。栖息于林地、灌丛。

240 乌鹟

LC *Muscicapa sibirica* | Dark-sided Flycatcher

形态特征：体长12~14cm，小型鸣禽。雌雄相似。头部灰褐色，颊纹黑色，眼先和眼圈白色，喙较小，黑色，下喙基部黄色不显著，颏、喉污白色，具白色半颈环；背、两翼、尾灰褐色，初级飞羽较长，翼尖达到尾的一半以上；下体白色。胸腹部至两胁具不清晰深褐色纵纹，跗跖黑色。幼鸟尾下覆羽常具褐色鳞状斑，成鸟则不清晰。

生活习性：栖息于郊野和城市公园的开阔林地中。在北京为区域性常见旅鸟。常单独活动；喜在树林冠层和中层活动，较少在地面活动，常站立于树木横枝上休息和觅食，发现昆虫后追至空中捕捉后返回原处；繁殖期5~7月，营巢于针阔混交林和针叶林中树的侧枝上，巢呈杯状，出入口朝上。

翠湖湿地 春季、秋季迁徙可见。观测于5月、8~9月。栖息于林地、灌丛。

241 白眉姬鹟

市 | LC

Ficedula zanthopygia | Yellow-rumped Flycatcher

形态特征： 体长 12~14cm，小型鸣禽。雄鸟头枕部除眉纹白色外其余黑色，喙黑色，颏、喉、胸、腹亮黄色；上背黑色，下背至腰亮黄色，两翼黑色，带一道长条形白色翼斑；尾下覆羽白色；尾羽黑色；跗跖铅黑色。雌鸟头至上体暗褐色，无眉纹；白色翼斑较雄鸟面积小；下体暗黄绿色。

生活习性： 栖息于低山附近的果园或城市公园的阔叶林和混交林中。在北京为区域性常见夏候鸟和旅鸟。常单独或成对活动；性胆怯，喜在树林冠层和中层跳跃和觅食，较少在地面活动，主要以昆虫为食，发现昆虫后追至空中捕捉；繁殖期 5~6 月，营巢于树洞中，巢呈半球形。

翠湖湿地 夏候鸟。观测于 6~8 月。栖息于林地。

242 红喉姬鹟

LC *Ficedula albicilla* | Taiga Flycatcher

形态特征：体长 12~14cm，小型鸣禽。雄鸟繁殖羽头顶至背部灰褐色，眼圈白色，颊和胸部灰色，喙黑色，颏喉部橙红色；两翼黑褐色；下体灰白色；尾羽和尾上覆羽近黑色，外侧尾羽基部白色；跗跖黑褐色。雄鸟非繁殖羽和雌鸟整体色浅，颏喉部灰白色。

生活习性：栖息于低海拔地区的阔叶林、混交林和林下灌丛，在北京为常见旅鸟；常单独或成对，迁徙时可见分散小群；性活跃，喜在树林中层、灌木丛或地面活动，常上下抖尾，主要以昆虫为食，发现昆虫后追至空中捕捉；繁殖期 5~7 月，营巢于树洞中。

翠湖湿地 春季、秋季迁徙可常见。观测于 4~5 月、9~10 月。栖息于林地、灌丛。

243 戴菊

市 | LC | *Regulus regulus* | Goldcrest

形态特征：体长 9~10cm，小型鸣禽。雄鸟头部灰色，金黄色顶冠纹中具一条不显著橙色条纹，侧冠纹黑色，白色眼圈显眼，虹膜暗褐色，喙黑褐色，细而尖；上体橄榄色，两翼绿色，具两道白色翼斑；胸腹部皮黄白色，两胁黄绿色。雌鸟似雄鸟，但头顶黄色顶冠纹中无橙色，野外不易识别。

生活习性：栖息于中低海拔的针叶林、阔叶混交林、农田和城市园林中，在北京为不常见冬候鸟及旅鸟；常单独、冬季集小群活动；喜在茂密的针叶林中下层活动，性活跃，主食昆虫；繁殖期 5~7 月，营巢于针叶树上，呈碗状。

翠湖湿地 冬候鸟。观测于1月~3月、11~12月。栖息于针叶林。

244 太平鸟

市 | LC

Bombycilla garrulus | Bohemian waxwing

形态特征： 体长 19~23cm，中型鸣禽。雄鸟头部棕褐色，贯眼纹黑色，头顶具显著的冠羽，颏、喉黑色；两翼棕褐色，翼尖黑色具两道白色翼斑，次级飞羽末端具明显的红色蜡质突起，初级飞羽外缘黄色；胸部淡粉褐色；尾灰褐色，尾端黄色，尾下覆羽栗棕色。雌鸟似雄鸟，但次级飞羽红色突出部分及初级飞羽外缘黄色不明显。

生活习性： 多栖息于高大的树上，偏好柏树、槐树等树木，出现在阔叶林、次生林中，也会出现于城市园林中。北京不常见于针叶林和混交林，为冬候鸟及旅鸟。冬季常成群活动，喜在树上层活动。时常与小太平鸟等混群，主要以植物果实为食。于近水的针叶树上营巢。

翠湖湿地 偶见冬候鸟。观测于 2~4 月。栖息于林地。

245 小太平鸟

市 NT *Bombycilla japonica* | Japanese waxwing

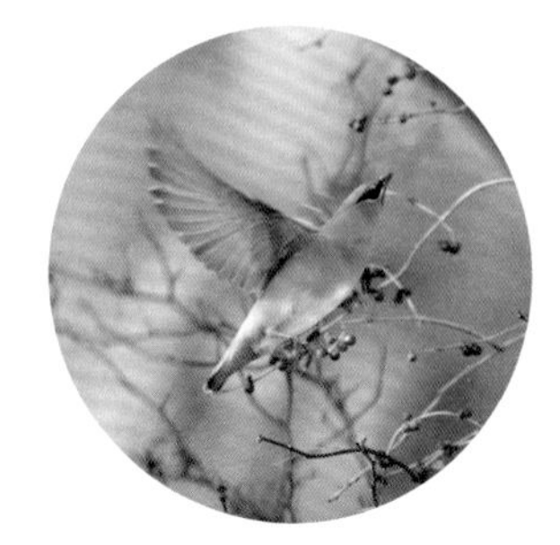

形态特征：体长 18~20cm，中型鸣禽。雄鸟头部棕褐色，贯眼纹黑色，头顶具显著的冠羽，喉黑色；肩羽红色，两翼棕褐色，翼尖黑色，初级飞羽外缘红色；腹部棕褐色，腹部中央具一淡黄白色斑块；尾灰褐色，尾端红色，尾下覆羽栗棕色。雌鸟似雄鸟，喉部黑色边缘较模糊，初级飞羽外翈白色。

生活习性：繁殖于森林地区，偏好针叶林，越冬生境似太平鸟。北京不常见于针叶林、针阔混交林环境，为冬候鸟及旅鸟。集群行动，常在树上活动。时常与太平鸟混群，春季、夏季主食昆虫，秋、冬季则主要以植物果实为食。

翠湖湿地 偶见冬候鸟。观测于 4 月、11 月。栖息于林地。

246 棕眉山岩鹨

LC *Prunella montanella* | Siberian Accentor

形态特征：体长15~16cm，小型鸣禽。成鸟头顶及头两侧近黑色，眉纹棕黄色，较宽；喉部、胸腹棕黄色，两胁具深棕色纵纹；背部棕褐色具深色纵纹，两翼棕色具一道不明显白色翼斑；尾近黑色。

生活习性：单独或集小群活动，有时与鹀混群；主要在地面觅食，食性较杂，主要以昆虫、草籽为食；常营巢于灌丛或灌丛旁的地面。

翠湖湿地 冬季可见。观测于1~3月、11~12月。栖息于灌丛、芦苇荡。

247	麻雀
LC	*Passer montanus* | Eurasian Tree Sparrow

形态特征：体长12~15cm，小型鸣禽。褐色雀。顶冠及颈背褐色，虹膜深褐色，嘴深铅灰色，颈背具有完整的灰白色领环；脸颊具明显黑色点斑且喉部黑色较少；雌雄形、色非常接近，可通过肩羽进行辨别，雄鸟为褐红雌鸟为橄榄褐色；下体皮黄灰色。

生活习性：麻雀不进行迁徙，是常见留鸟。叫声嘈杂，常集群活动，冬季可集上百只的大群。食性杂，在地面、灌丛觅食。栖息于居民点和田野附近。白天四处觅食，活动范围 2.5~ 红喉歌鸲为地栖性鸟类，常栖息于平原地带的灌丛，芦苇丛或竹林间，更多活动于溪流近旁，多觅食于地面或灌丛的低地间。常单独或成对活动，迁徙时有时可见小群。多隐藏在灌丛下，善于在地面奔走和觅食。鸣声多韵而悦耳，晨昏鸣唱最多，鸣声尤为动听。营巢于墙缝、树洞中。

翠湖湿地 留鸟，全年常见，栖息于院落、芦苇荡、灌丛、林地、草地。

248 山鹡鸰

LC *Dendronanthus indicus* | Forest Wagtail

形态特征：体长16~18cm，中型鸣禽。成鸟头顶橄榄色，眉纹皮黄色或白色，上喙近黑色，下喙粉色；胸部具2道醒目黑色胸带；背部橄榄色，飞羽及翼覆羽黑色，具2道粗的白色翼斑；尾羽较长，两枚中央尾羽橄榄褐色，两枚最外侧尾羽白色，其余尾羽黑褐色。

生活习性：树栖型，常单独活动，在树上沿树枝行走；常觅食于地面，靠近灌丛；与其他鹡鸰上下摆尾不同的是，山鹡鸰常左右摆尾；主要活动于阔叶林和混交林及林缘，亦见于城市绿地。北京为不常见旅鸟和罕见夏候鸟，营巢于乔木侧枝上。

翠湖湿地 春季偶见。观测于5月。栖息于林下、灌丛。

249 黄鹡鸰

LC *Motacilla tschutschensis* | Eastern Yellow Wagtail

形态特征：体长16~18cm，中型鸣禽。*M. t. macronyx* 亚种雄鸟头部灰色，无眉纹，耳羽颜色较深近黑色。*M. t. tschutschensis* 亚种雄鸟头部灰色，眉纹明显。背部为橄榄绿色或橄榄褐色。雌鸟头部灰色或灰褐色，上体橄榄褐色，下体淡皮黄色。

生活习性：喜稻田、沼泽边缘和草地，常集群活动，迁徙时几乎可以出现在任何近水处。有抖动尾部的习惯，但幅度不如白鹡鸰大。翠湖湿地常见为 *M. t. macronyx* 和 *M. t. tschutschensis* 亚种。北京为常见旅鸟。主要以昆虫为食。

翠湖湿地 春季、秋季迁徙可见。观测于5月、8~9月。栖息于岸边、浅滩、草地。

250 黄头鹡鸰

LC *Motacilla citreola* | Citrine Wagtail

形态特征： 体长16~20cm，中型鸣禽。雄鸟头、雄至腹部皆为柠檬黄色；后颈黑色；背部黑色或深灰色，两翼黑色具白色斑纹；尾羽近黑色；尾下覆羽近白色；跗跖黑色。雌鸟整体颜色较雄鸟淡，头灰褐色，耳羽灰色与枕部不相连；背部灰褐色或橄榄绿色。

生活习性： 似黄鹡鸰。喜稻田、沼泽边缘和草地，非繁殖期常小群活动。北京为区域性常见旅鸟。喜在近水湿地行走，尾部不停摆动。

翠湖湿地 春季迁徙偶见。观测于4~5月。栖息于岸边、浅滩、草地。

251 灰鹡鸰

LC *Motacilla cinerea* | Grey Wagtail

形态特征： 体长16~18cm，中型鸣禽。雄鸟繁殖羽头部灰色，具长且宽的白色眉纹，颊纹白色；颏、喉部褐色；背深灰色；尾上覆羽黄色，尾羽黑褐色，外侧尾羽白色，其余下体为柠檬黄色；跗跖粉色。雌鸟和非繁殖羽雄鸟喉部为白色，有时具斑驳的黑色区域。

生活习性： 单独或成对活动，迁徙过境时也会集松散的小群。站姿比其他鹡鸰更平，常在近水湿地活动，也较除山鹡鸰外的其他鹡鸰更爱飞到树上。频繁上下抖尾，有时涉水觅食，有时会悬停捕食，飞行呈明显波浪状，北京为常见旅鸟、夏候鸟。主要以昆虫为食。

翠湖湿地 春季、秋季迁徙可见。观测于3~6月、8~9月。栖息于岸边、浅滩、灌丛、草地。

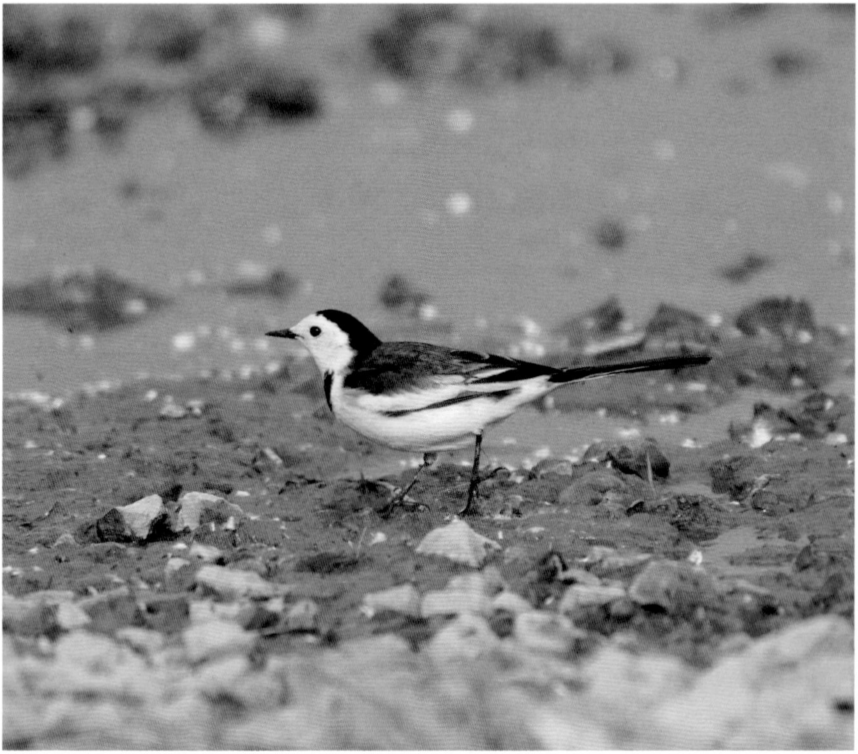

252 白鹡鸰

LC *Motacilla alba* | White Wagtail

形态特征：体长17~20cm，中型鸣禽。亚种众多。整体为黑白两色或黑白灰三色。雄鸟通常前额白色，头顶黑色，头两侧白色，胸黑色，其余下体白色；尾羽黑色，外侧尾羽白色。雌鸟类似雄鸟但整体色浅。

生活习性：站立时经常上下抖动尾部，行动时有“点头”般的动作，飞行呈波浪状，受惊吓起飞时会边飞边叫，很少飞到高空。能适应多种生境，更喜爱近水湿地、农田等环境。北京为常见旅鸟、夏候鸟。

翠湖湿地 夏候鸟。观测于3~10月。栖息于岸边、浅滩、草地。

253 田鹨

LC *Anthus richardi* | Richard's Pipit

形态特征：体长17~18cm，中型鸣禽。浅褐色的鹨。头顶黄褐色具黑色细纹，眉纹皮黄色；喙较长、较粗壮，上喙深灰色，下喙粉色；喉部偏白色；背部黄褐色具较模糊的褐色斑纹，中覆羽黑斑尖长，尾羽黄褐色，外侧尾羽白色；跗跖黄褐色，后爪长，较平直，为明显肉色。

生活习性：单独或成对活动。站立时站姿挺拔，飞行显得比较沉，呈波浪状。飞行时或受惊吓时发出沙哑而高音的声音。在地面觅食，栖息于开阔的矮草地、农田或荒野，主要以昆虫为食，繁殖期更喜水边草地。北京为不常见旅鸟。

翠湖湿地 秋季偶见，观测于9月。栖息于草地、岸边。

254	树鹨
LC	*Anthus hodgsoni* │ Olive-backed Pipit

形态特征：体长15~17cm，中型鸣禽。橄榄色的鹨。成鸟头顶和上体橄榄绿色，眉纹宽，白色或皮黄色；耳羽具清晰黑色新月形斑和白色点斑；背部橄榄绿色，具不明显的黑褐色纵纹；腹部白色，具清晰的黑色粗纵纹；跗跖粉色或淡黄褐色。

生活习性：栖息于各种类型的树林中，较其他鹨更喜欢森林环境。同时也分布于林缘、草地、农田等环境。集小群活动，行走于地面，尾羽会上下摆动，受到惊扰时会飞到附近的树上隐蔽。北京为不常见旅鸟。主要以昆虫为食。

翠湖湿地 春季、秋季迁徙可见。观测于4~5月、9~11月。栖息于林下、草地。

255 粉红胸鹨

LC *Anthus roseatus* | Rosy Pipit

形态特征：体长 15~16.5cm，小型鸣禽。偏灰色鹨。繁殖羽，眼先深色，眉纹粉红色；喙灰色；颏、喉、胸至上腹部粉红色，胸侧及两胁具黑色纵纹；上体橄榄褐色，具黑色纵纹；翼上大覆羽和中覆羽黑色，羽缘褐色，端部皮黄色，形成两道皮黄色翼斑；尾羽深褐色；胸及上腹淡粉红色；跗跖偏粉色。

生活习性：常单独或集小群活动，常于近溪流处栖息，草地、农田等环境可见。北京为不常见旅鸟和夏候鸟。在地面取食昆虫和植物种子，

翠湖湿地 春季偶见，观测于 5 月。栖息于草地。

256 黄腹鹨

LC *Anthus rubescens* | Buff-bellied Pipit

形态特征： 体长14~17cm，中型鸣禽。褐色鹨。成鸟繁殖羽头顶灰色具模糊点斑，皮黄色眉纹短粗，于眼后模糊；颈侧三角形黑斑暗淡；背部粉灰色；胸至胁具少量黑褐色纵斑；跗跖黄褐色。成鸟非繁殖羽上体偏褐色；喉侧和颈侧黑色纵纹更浓重，在每一侧形成近三角形黑色区域；下体纵纹显著。

生活习性： 常集小群活动，迁徙时亦集成较大群体。在平原开阔湿地、沼泽、河岸、农田活动，在地面快速行走觅食，尾部轻微上下摆动似鹡鸰，北京为区域性常见的冬候鸟。

翠湖湿地 春季、秋季迁徙可见。观测于3~5月、9~10月。栖息于岸边、浅滩。

257 水鹨

LC *Anthus spinoletta* | Water Pipit

形态特征：体长15~17.5cm，中型鸣禽。偏灰色鹨。成鸟繁殖羽头部偏浅棕灰色；米白色眉纹清晰、短粗，于眼后较宽；喙黑色；喉至下体干净，几乎无斑纹，沾浅粉色；背部浅褐色，具不明显的暗色羽轴纹。非繁殖羽头顶偏黄褐色，白色眉纹清晰，颈侧具暗淡的三角形黑斑；背部浅黄褐色；下体淡黄白色，具较细的灰黑色斑纹；跗跖黑褐色。

生活习性：单独活动。非繁殖期活动于湖泊或河流等水域附近的湿地、沼泽及堤岸。在地面快速行走觅食，尾部轻微上下摆动似鹡鸰，北京为区域性常见的冬候鸟、旅鸟。

翠湖湿地 春季、秋季迁徙可见。观测于4月、11月。栖息于岸边、浅滩。

258 燕雀

市 | LC | *Fringilla montifringilla* | Brambling

形态特征： 体长13~16cm，小型鸣禽。雄鸟头、后颈至上背黑色；喙端黑色；颏、喉、胸橙色，两胁具黑色斑点；下背、腰、尾上覆羽白色；肩羽白色，具棕色翼斑；尾羽黑色为主，呈浅叉形。雌鸟头灰褐色，胸、肩浅棕色。

生活习性： 非繁殖期集大群活动，在树上栖息或觅食，成群飞到地面，复又飞到树上。北京为常见冬候鸟、旅鸟。以植物嫩芽、果实、种子为食，兼食昆虫。

翠湖湿地 旅鸟、冬候鸟。观测于1~5月、10~12月。栖息于林地。

259 锡嘴雀

市 | LC | *Coccothraustes coccothraustes* | Hawfinch

形态特征： 体长16~18cm，中型鸣禽。雄鸟头顶至枕部、头侧及颏部均为棕黄色，背羽棕褐色，腰浅棕黄色；喙粗大，呈铅蓝灰色；飞羽黑色带有蓝紫色金属光泽，具白色翼斑，外侧初级飞羽羽端异常弯而尖；尾羽基部黑色，端部白色；下体浅棕色。雌鸟与雄鸟相似，头部多浅棕灰色，飞羽缺少金属光泽。

生活习性： 多单独或成对活动，较安静。栖息于各种林地。北京为旅鸟。以植物种子、果实和少量昆虫为食。

翠湖湿地 冬季偶见。观测于3月、11月。栖息于林地。

260 黑尾蜡嘴雀

市 | LC *Eophona migratoria* | Chinese Grosbeak

形态特征：体长 15~18cm，中型鸣禽。雄鸟头黑色，头罩较大，具金属光泽；喙为粗厚的锥状，呈黄色，喙端黑色；背部到腰部到尾上覆羽，由灰褐色转为灰色；初级覆羽端部和初级飞羽端部白色；下体浅灰褐色，两肋锈红色。雌鸟的头部和背部均为灰褐色，初级覆羽和初级飞羽端部白斑较窄，肋部锈红色较淡。

生活习性：非繁殖期集群活动，于树上或树间活跃，飞行时扇翅有声。北京多见于低林区、平原林地、城市公园为常见留鸟。喜食松、柏、白蜡树的种子及果实。

翠湖湿地 全年可见。栖息于林地。

261	普通朱雀
LC	*Carpodacus erythrinus* | Common Rosefinch

形态特征： 体长 13~15cm，小型鸣禽。雄鸟头红色，贯眼纹深褐色；喙短粗呈锥状，铅灰色；背部和肩橄榄褐色，两翼和尾黑褐色，具淡红色羽缘；喉、胸、腰为红色，下体红色延伸至两胁或腹部，下腹近白色。雌鸟上体橄榄褐色，上体和下体均有暗褐色纵纹；下体灰白色，有时沾粉色。

生活习性： 单独或成对或集小群。飞行呈波状起伏。北京为区域性常见旅鸟。喜植物的果实、种子、花序、嫩芽等。栖息于林地。

翠湖湿地 春季、秋季迁徙可见。观测于5月、9月。栖息于林地。

262 金翅雀

市 LC *Chloris sinica* | Oriental Greenfinch

形态特征：体长 12~14cm，小型鸣禽。雄鸟头顶青灰色，眼先具黑色晕斑；喙粗壮，呈粉色；颏、喉黄绿色；背部栗褐色，腰部黄色或黄绿色，初级飞羽基部黄色，形成显著的黄色翼斑；胸、腹部褐色，尾下覆羽黄色。雌鸟头灰色，胸部具淡灰褐色纵纹。

生活习性：常集群生活，冬季可集上百只的大群。飞行时可见清晰的黄色翼斑。栖息于林地、灌丛等处。北京为留鸟。主要以植物果实、种子为食。

翠湖湿地 留鸟，全年可见。栖息于林地、灌丛。

白腰朱顶雀 *Acanthis flammea* Common Redpoll

263 白腰朱顶雀

市 | LC | *Acanthis flammea* | Common Redpoll

形态特征：体长 11~14cm，小型鸣禽。雄鸟前额、眼先、颏黑色，额红色；喙较短而粗厚；喉、胸粉红色，两胁具深褐色纵纹，腹部白色；上体皮黄褐色，具较重的纵纹，腰部亦具纵纹。雌鸟的喉、胸缺少粉红色。

生活习性：常集群在树上或灌丛、地面觅食。栖息于各类林地。北京为不常见旅鸟、冬候鸟。喜食草籽。

翠湖湿地 罕见记录。观测于 11 月。栖息于林地。

264 黄雀

市 | LC

Spinus spinus | Eurasian Siskin

形态特征： 体长 11~12cm，小型鸣禽。雄鸟从额至头顶及颏部黑色，喙较细而尖锐；喉、胸至上腹黄色；上体黄色或黄绿色，两翼和尾羽黑褐色，但翼斑和尾羽基部鲜黄色；下腹及尾下覆羽白色，两胁具黑色纵纹；跗跖黑色。雌鸟体羽黄色部分较雄鸟暗淡，头顶和颏部为黑色。

生活习性： 非繁殖期集群，较活泼，树栖为主。北京多为不常见旅鸟。喜食树木果实、草籽。

翠湖湿地 春季偶见。观测于 3 月。栖息于林地。

265 黄鹀

LC *Emberiza citrinella* | Yellowhammer

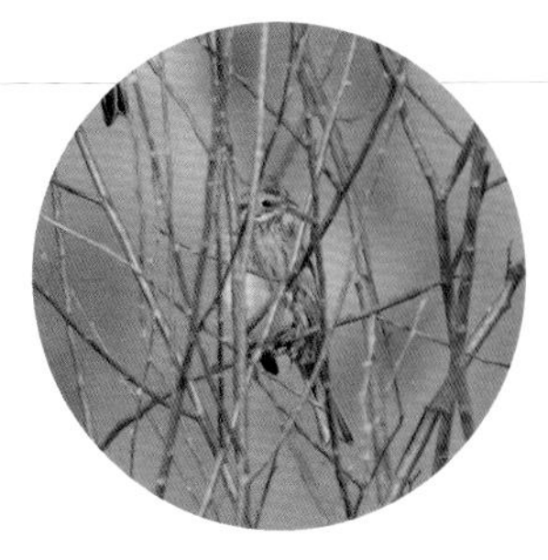

形态特征：体长 16.5~17cm，中型鸣禽。雄鸟繁殖羽头亮黄色，头顶和耳羽具深褐色纵纹，颊纹褐色；颏、喉及胸部亮黄色，胸至两胁具显著的褐色纵纹；上体为斑驳的棕褐色，具黑色纵纹；腰部及尾上覆羽棕红色；腹部黄色。雌鸟黄色部分较淡，头灰褐色而沾黄色，耳羽淡黄色斑不明显，喉淡黄色，腹淡黄色，下体深色纵纹更浓密。

生活习性：繁殖期成对活动，冬季常与白头鹀混合组成大群活动。多在地面或灌丛、草丛中活动觅食，受干扰后飞至树上栖息。北京为罕见迷鸟。喜食植物种子、果实、嫩芽、昆虫等。

翠湖湿地 罕见记录。观测于 1 月。栖息于灌丛。

266 白头鹀

LC *Emberiza leucocephalos* | Pine Bunting

形态特征： 体长 16~17.5cm，中型鸣禽。雄鸟前额两侧冠纹近黑色；顶冠纹白色；喙灰色；颊白色，其外周具黑色轮廓；眉纹、颏、后为栗红色，耳羽有大白斑；背褐色并具深色纵纹，两翼黑褐色，具棕红色羽缘；胸侧至两胁具浓密的栗棕色纵纹，下体余部白色；尾羽较长，呈黑褐色，最外侧尾羽基部白色。雌鸟和雄鸟相近，头顶具黑纹，白色少；耳羽白斑不明显；喉白色具黑纹；腹白色。

生活习性： 繁殖期常成对活动，非繁殖期多集数十只的小群。栖息于山地和山脚平原地带的林间空地、河谷灌丛、稀树草坡，越冬时也出现在平原地带的农田、荒地和果园。北京为冬候鸟。喜食植物种子和昆虫。

翠湖湿地 冬候鸟。观测于 1~2 月、12 月。栖息于灌丛、草地、林下。

267 三道眉草鹀

市 | LC | *Emberiza cioides* | Meadow Bunting

形态特征： 体长 15~18cm，中型鸣禽。雄鸟头顶及耳羽栗棕色；眉纹白色，甚至更阔；眼先黑色；颊白色，颊纹黑色；颏、喉白色，胸及两胁栗棕色，下体余部白色；背部棕色，具黑色纵纹；两翼黑褐色，具栗棕色羽缘；腰及尾上覆羽栗棕色；尾羽较长，中央尾羽棕红色，最外侧尾羽具楔形斑，其余尾羽近黑色。

生活习性： 繁殖期常成对活动，雄鸟常站在枝头持续鸣唱。栖息于中低山地、丘陵、农田、草地，冬季亦在较低海拔城市公园活动。北京为常见留鸟。喜食草籽，繁殖期捕食昆虫。

翠湖湿地 冬季可见。观测于 11–12 月。栖息于灌丛、草地。

268 白眉鹀

LC *Emberiza tristrami* | Tristram's Bunting

形态特征：体长 12~15cm，小型鸣禽。雄鸟头黑色，具显著的白色冠顶纹、眉纹和颚纹；颏、喉部黑色；胸及两胁具栗褐色纵纹，其余下体白色；上体大致为栗色，背部具黑色纵纹；尾羽黑褐色，外侧尾羽白色。雌鸟与雄鸟相似，顶冠纹、眉纹和颚纹皮黄色，喉棕褐色，具短的黑色纵纹。

生活习性：非繁殖期多集群活动。北京为不常见的旅鸟。在地面或林下灌丛取食草籽和昆虫等。行为隐蔽，很少到开阔的空地活动。

翠湖湿地 春季、秋季迁徙可见。观测于 5 月、10 月。栖息于灌丛。

269 小鹀

市 LC *Emberiza pusilla* | Little Bunting

形态特征：体长 11~14cm，小型鸣禽。雌雄相似。成鸟繁殖羽顶冠纹栗色，侧冠纹棕黑色，眉纹宽阔呈栗色，颊至耳羽亦为栗色，边缘具黑色轮廓，颚纹黑色；颏、喉栗棕色，胸至两胁具清晰的黑色纵纹；背部褐色，具黑色与污白色相间的纵纹；尾羽黑褐色，最外侧尾羽具显著白色部分；跗跖黄褐色。非繁殖羽与繁殖羽大致相似，但头部及背部羽色较淡，颏、喉淡黄白色或污白色。

生活习性：常集群迁徙，非繁殖期集群活动或与其他鹀类混群。北京为常见的旅鸟。喜在林下或农田、草地等开阔地域觅食，以草籽、谷物及昆虫为食。

翠湖湿地 春季、秋迁徙季节可见数量较大的种群，冬季较少见。观测于 3~5 月、9~11 月。栖息于灌丛、林下、芦苇荡。

270 黄眉鹀

LC *Emberiza chrysophrys* | Yellow-browed Bunting

形态特征：体长13~17cm，小型鸣禽。雄鸟顶冠纹白色，侧冠纹黑色，眉纹前段黄色，后段转为白色；眼先、颊至耳羽黑色，颊纹白色，耳羽后方具白斑，颚纹黑色；胸部和两胁具黑色纵纹；背部褐色具深色纵纹，腰部和尾上覆羽棕红色，尾羽黑褐色，最外侧两对尾羽具白斑；下体大致白色。雌鸟与雄鸟相似，头顶和脸颊棕褐色。

生活习性：冬季多集小群在地面或灌丛、草地活动，北京为不常见旅鸟。行动比较隐蔽，有时与其他鹀类混群活动。

翠湖湿地：春季、秋季迁徙可见。观测于4~5月、9~10月。栖息于灌丛、草地、林下。

271	田鹀
VU	*Emberiza rustica* | Rustic Bunting

形态特征： 体长13~15cm，小型鸣禽。雄鸟繁殖羽头黑色，具冠羽，眉纹及颊纹白色，耳羽后方具一小块白斑；后颈栗褐色；上体棕红色，背羽具近黑色纵纹；两翼黑褐色，各羽具棕色羽缘，大覆羽和中覆羽端部白色，形成两条翼斑；胸部及两胁具栗红色纵斑，下体白色；腰具栗红色鳞状羽。雌鸟及雄鸟非繁殖羽头顶及颊为黄褐色，整体羽色亦不及雄鸟繁殖羽鲜亮。

生活习性： 常集小群活动，觅食于地面。停栖时常竖起冠羽。栖息于开阔杂草地、农耕地、杂木林，北京为区域性常见冬候鸟。

翠湖湿地 冬候鸟。观测于1~3月、11~12月。主要活动于草地、林下。

272 黄喉鹀

市 | LC

Emberiza elegans | Yellow-throated Bunting

形态特征：体长15~16cm，小型鸣禽。雄鸟头顶黑色，眉纹至枕部为柠檬黄色，具显著的黑黄相间之冠羽，颏、喉黄色，眼先、颊及耳羽黑色；背部棕色，具深褐色纵纹；胸部具三角形黑斑，两胁具褐色纵纹，其余下体白色；尾羽深褐色，最外侧尾羽具白斑。雌鸟似雄鸟，但头部为棕褐色而非黑色，胸部黑斑不明显或缺失。

生活习性：繁殖于开阔、干燥的落叶林或混交林及灌木林，活动于林缘、空旷地和草坡，通常接近溪流；迁徙及越冬于低海拔的平原、丘陵地带的林地、果园、荒地等。北京为常见的旅鸟、冬候鸟和夏候鸟，见于山区至平原林地、灌丛、农田和草地。繁殖期成对活动，非繁殖期集群或与其他鹀类混群。营巢于林地和林缘地面的草丛中，或灌丛及低矮的小树上。

翠湖湿地：春季、秋迁徙季节较常见，部分个体可在翠湖越冬。栖息于灌丛、林地、草地。

273 黄胸鹀

国I | CR

Emberiza aureola | Yellow-breasted Bunting

形态特征：体长14~16cm，小型鸣禽。雄鸟繁殖羽头部及颏为黑色，头顶后部为栗棕色，上喙灰色，下喙淡黄色；背、腰为栗棕色，两翼黑褐色，各羽羽缘栗棕色，翼上具一道或两道白色翼斑；下体黄色，胸部具一显著的栗色横带；尾羽黑褐色，尾上覆羽栗棕色，最外侧尾羽部分白色。雄鸟非繁殖羽头部为斑驳的褐色，背部具黑色纵纹；雌鸟上体黄褐色，眉纹淡黄色，耳羽淡褐色，下体淡黄色，胸部无横带。

生活习性：活动于平原的高草丛、耕地、稻田或芦苇地。见于北京中低山及平原的农田和湿地。近年在北京是不常见旅鸟。营巢在湿地边的灌丛、草丛遮挡的地面。

翠湖湿地：春季、秋季迁徙偶见。观测于5月、8~9月。栖息于灌丛、林地、草地。

274 栗鹀

LC *Emberiza rutila* | Chestnut Bunting

形态特征：体长 14~16cm，小型鸣禽。雄鸟繁殖羽头、颏、喉部为栗色，喙灰色，部分个体下喙基部较淡；上体栗色；下体黄色，跗跖黄褐色；尾羽黑褐色。雄鸟非繁殖羽的头部和上体较雄鸟繁殖羽暗淡。雌鸟具不清晰的皮黄色眉纹，头顶及上体灰褐色，具深褐色纵纹；下体淡黄色，两胁具深褐色纵纹。

生活习性：繁殖于开阔的针叶林或针阔混交林，迁徙及越冬时活动于低海拔的山麓林缘、田间树林、耕地、稻田和灌丛草地。春秋两季见于北京中低山、平原的林地、灌丛及农田，为不常见旅鸟。非繁殖季常集小群活动。营巢在地面的枯草丛中。

翠湖湿地 春季、秋季迁徙偶见。观测于 5 月、9 月。栖息于灌丛、林地、草地。

275 灰头鹀

LC *Emberiza spodocephala* | Black-faced Bunting

形态特征：体长 14~16cm，小型鸣禽。雄鸟头深灰色，眼先、颏黑色，喙淡粉色，喙峰灰色；上体褐色或橄榄褐色，具近黑色纵纹；胸部深灰色，腹部黄色或淡黄色，两肋具褐色纵纹；尾羽黑褐色，最外侧尾羽具白斑，尾下覆羽白色。雌鸟头和上体皆为褐色，具深色纵纹，眉纹皮黄色，下体污白色或浅黄色，胸和两肋具显著的黑色纵纹。

生活习性：繁殖于海拔 600m 以上的阔叶林、针叶林或针阔混交林林下的灌丛，活动于林缘开阔地；非繁殖期活动于平原、丘陵等低海拔地带的农田、荒地、苗圃、花园、河岸等常隐蔽在灌木丛中。北京区域性常见于较低海拔的林地及湿地草丛、苇丛等生境，居留型主要为旅鸟，亦有少量越冬个体。非繁殖期集群活动，营巢在低矮的灌丛或草丛中。

翠湖湿地 旅鸟、冬候鸟。观测于 1~5 月、9~12 月。栖息于灌丛、芦苇荡、林地、草地。

276 苇鹀

LC *Emberiza pallasi* | Pallas's Reed Bunting

形态特征：体长13~15cm，小型鸣禽。雄鸟繁殖羽上下喙皆为黑色，非繁殖羽上喙灰色，下喙粉色，喙呈锥状，喙峰较直，头顶至头两侧黑色，颚纹白色，甚宽，颈部白色，颏、喉黑色；背部褐色，具黑白相间之纵纹，腰皮黄色或灰褐色，翼上小覆羽灰色，其余各羽大致为黑褐色，具淡色羽缘；下体白色；尾羽黑褐色，最外侧尾羽具白色区域，尾上覆羽皮黄色或灰褐色。雄鸟非繁殖羽和雌鸟头部褐色，眉纹皮黄色或淡黄白色；颏、喉白色。

生活习性：多栖息于平原沼泽及溪流旁的芦苇丛和灌丛中。见于北京低山、平原的湿地苇丛和草丛，为常见冬候鸟。非繁殖期集群活动，性活跃。营巢在地面草丛或灌木低枝上。

翠湖湿地 冬候鸟。观测于1~5月、10~12月。栖息于灌丛、芦苇荡、草地。

277 红颈苇鹀

NT *Emberiza yessoensis* | Japanese Reed Bunting

形态特征： 体长14~15cm，小型鸣禽。雄鸟繁殖羽喙黑色，喙呈锥状，喙峰较直，头、颏、喉皆为黑色，后颈红褐色；背、腰红褐色，背部具黑白相间之纵纹，两翼黑褐色，羽缘棕红色，小覆羽蓝灰色；上胸黑色，下体白色；尾羽黑褐色，尾上覆羽红褐色，最外侧尾羽具白斑。雄鸟非繁殖羽及雌鸟喙峰灰色，喙余部粉色，头顶和头两侧黑褐色，具宽阔的皮黄色眉纹；下体污白色或淡黄白色。

生活习性： 栖息于临近湿地的低山灌丛、湿生草甸和芦苇沼泽等。北京见于平原的湿地苇丛、灌丛和草丛，为罕见旅鸟和冬候鸟。非繁殖期一般单独活动、集小群或与苇鹀混群，性活跃。营巢在灌丛或草丛中。

翠湖湿地 冬季偶见。观测于2月、11月。栖息于芦苇荡、灌丛。

278	芦鹀
LC	*Emberiza schoeniclus* ｜ Common Reed Bunting

形态特征： 体长 15~17cm，小型鸣禽。雄鸟繁殖羽头部黑色，喙深灰色，喙峰呈弧形，颚纹白色，后颈及颈侧白色，颏、喉中央黑色；背部红褐色，具清晰的黑色纵纹，腰灰色，两翼大致为黑褐色，各羽多具棕红色羽缘，小覆羽棕红色；胸中央黑色，下体白色；尾羽黑褐色，尾上覆羽灰色，最外侧尾羽部分白色。雄鸟非繁殖羽及雌鸟头部褐色，眉纹皮黄色，下体污白色或淡皮黄色。

生活习性： 多栖息于平原沼泽及溪流旁的芦苇丛和灌丛中。北京见于较低海拔的近水苇丛、草丛中，是不常见旅鸟和冬候鸟。在北京常与苇鹀混群活动。性活跃。营巢于湿地苇丛、灌丛或草丛中。

翠湖湿地 冬季偶见。观测于 2~3 月。栖息于芦苇荡、灌丛。

参考文献（按拼音字母顺序排列）

刘阳，陈水华．中国鸟类观察手册 [M]．长沙：湖南科学技术出版社，2021.

约翰·马敬能．中国鸟类野外手册 [M]．北京：商务印书馆，2022.

中国观鸟记录中心．中国鸟类分布名录 [DB/OL]．地区记录统计，2021. http://www.birdreport.cn.

中国观鸟年报编辑部．中国鸟类名录 9.0 版 [J]．中国观鸟年报，2021.

郑光美．中国鸟类分类与分布名录 [M]．4 版．北京：科学出版社，2023.

赵欣如，朱雷．北京鸟类图谱 [M]．北京：中国林业出版社，2021.

鸟名生僻字（按拼音字母顺序排列）

B

鸨	bǎo
鹎	bēi
鵏	bǔ

C

塍	chéng
鸱鸮	chī xiāo

D

雕	diāo
鸫	dōng

D

鹗	è

H

鸻	héng
鹮	huán

J

鹡	jí
鲣	jiān
鹪鹩	jiāo liáo
鹡鸰	jí líng
鸠	jiū
鵙	jú

K

鵟	kuáng

L

鹂	lí
鴗	lì
椋	liáng
鴷	liè
鹨	liù
鸬鹚	lú cí
鹭	lù

M

鹲	máng
鹛	méi

P

䴙䴘	pì tī

Q

鸲	qú
鹊	què

S

鸤	shī
隼	sǔn

T

鹈鹕	tí hú
鵎鵼	tuǒ kōng

W

鹟	wēng
鹀	wú

Y

鳽	yán
鹞	yào
鹬	yù
鸢	yuān

Z

棕	zōng

索引

A

B

C

D

E

F

G

H

J

K

L

M

N

O

编写组名单

主 编

夏 舫 彭 涛

副主编

刘颖杰 刘 松

编 委

德秋子 徐菱婉 徐晓梅 周宇琦 韩 潮
张 庚 赵博文 吴宇嘉 叶正茂 王佳星
路 延 王妍力 唐若晨 何祺康

摄 影

彭 涛 夏 舫 云 天 文 辉 太 公
陈 涛 韩霄林 宋 健 关雪燕 宋炜东
乔振忠 何文博 娄方洲 陈加盛 刘建国
胡 唯 孙 威 韩靖霞 赵 峤 路卓飞

鸟类结构插图

赵碧清

图书在版编目（CIP）数据

有鸟高飞：翠湖国家城市湿地公园·鸟类图谱 / 夏舫，彭涛主编. -- 北京：中国林业出版社，2024.6

ISBN 978-7-5219-2071-0

Ⅰ.①有… Ⅱ.①夏… ②彭… Ⅲ.①城市－沼泽化地－国家公园－鸟类－海淀区－图谱 Ⅳ.① Q959.708-64

中国国家版本馆 CIP 数据核字 (2023) 第 001042 号

有鸟高飞

——翠湖国家城市湿地公园·鸟类图谱

策划出品：小途工作室

责任编辑：吴　卉　黄晓飞　曹曦文

书籍设计：DONOVA

设计绘图：张　肖

电　　话：(010) 8314 3552

出版发行：中国林业出版社（100009，北京市西城区刘海胡同 7 号）

E-mail：books@theways.cn

网　　址：http://www.cfph.net

印　　刷：北京雅昌艺术印刷有限公司

版　　次：2024 年 6 月 第 1 版

印　　次：2024 年 6 月 第 1 次印刷

开　　本：889mm×1194mm 1/32

印　　张：11.5

字　　数：288 千字

定　　价：128.00 元

“小途”是中国林业出版社旗下文化创意产业品牌，延续中国林业出版社的专业学术特色和知识普及能力，整合林草领域专业资源，围绕“自然文化＋生活美学＋未来科技”，从事内容创作、内容挖掘、内容衍生品运作。形成出版、展览、文创、融媒体等优质产品，系统解读科学知识，讲好中国林草故事，传播中国生态文化。联手公众建立礼敬自然、亲近自然的生活方式，展现人与自然和谐共生的无限可能。

小途公众号

看见万物